冬春日光温室番茄生产果实成熟期

番茄绿熟期打底叶后

春大棚番茄生产多层覆盖

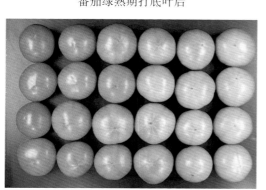

番茄不同成熟期

冬春茬日光温室番茄生产

番茄灰霉病病叶

番茄灰霉病病果

番茄黄化曲叶病毒病典型症状

番茄嫁接苗

聚丙烯 PP 槽式栽培系统

番茄基质栽培结果期

连栋温室番茄生产

下挖式槽式栽培系统

番茄行间补光

日光温室

棉隆秸秆还田一体机

火焰消毒剂

土壤消毒技术

温汤浸种

北京地区

设施番茄生产

良好农业规范

徐 进 主编

中国农业出版社
北 京

图书在版编目（CIP）数据

北京地区设施番茄生产良好农业规范/徐进主编
. —北京：中国农业出版社，2021.6
ISBN 978-7-109-28445-6

Ⅰ.①北… Ⅱ.①徐… Ⅲ.①番茄－蔬菜园艺－技术
规范－北京 Ⅳ.①S641.2

中国版本图书馆 CIP 数据核字（2021）第 127326 号

中国农业出版社出版
地址：北京市朝阳区麦子店街 18 号楼
邮编：100125
责任编辑：李 夷　文字编辑：常 静
版式设计：李 文　责任校对：吴丽婷
印刷：北京中兴印刷有限公司
版次：2021 年 6 月第 1 版
印次：2021 年 6 月北京第 1 次印刷
发行：新华书店北京发行所
开本：700mm×1000mm 1/16
印张：6.75　插页：2
字数：115 千字
定价：38.00 元

编 写 人 员

主　　　编：徐　进
副 主 编：曹坳程　王铁臣
参　　　编：穆月英　李新旭　周　涛　李云龙　曲明山
　　　　　　安顺伟　沈火林　郑淑芳　宋春燕
编委会主任：李红岺

随着生活水平的提高，人们对农产品的质量要求不断提高。农药、化肥等投入品对农产品质量和环境的影响也受到社会的普遍关注。良好农业规范（good agricultural practices，GAP）在以上背景下应运而生，其基本思想是通过建立规范的农业生产经营体系，关注食品安全、环境保护、动物福利和员工健康等四方面的要求，在保证农产品产量和质量安全的同时，更好地配置资源，寻求农业生产和环境保护之间的平衡，实现农业的可持续发展。

本书参考国内外良好农业规范的制定规则，结合北京地区的番茄生产实际和现代农业产业技术体系北京果类蔬菜创新团队岗位专家的工作经验，共同编写了《北京地区设施番茄生产良好农业规范》。

现代农业产业技术体系北京果类蔬菜创新团队自2009年成立以来，主要针对的作物是番茄、黄瓜、茄子和辣椒，前6年，主要目标是解决这些作物在北京地区生产中的突出问题，如根结线虫的防治、抗病丰产品种的选择、轻简农机的应用、收获后的保鲜贮藏等。这些问题均已提出了较好的解决方案，产量和品质均有了大幅度的提高。为了提高资源的利用率，现代农业产业技术体系北京果类蔬菜创新团队最近5年向标准化、数字化、智能化的方向发展，在节水、节肥、节省劳力等方面又取得了重大进步，都市现代农业栽培体系正在逐步形成。

本书是现代农业产业技术体系北京果类蔬菜团队集体智慧的结晶，

由于作者水平有限，书中难免存在不足，敬请读者批评指正。

编者

2021 年 2 月

ONTENTS
目 录

前言

第一章　番茄生产情况概述 ································· 1

1.1　番茄的起源和栽培史 ·························· 1

1.2　北京市保护地番茄生产情况 ················· 2

1.3　北京市番茄的产量及交易情况 ·············· 2

　1.3.1　保护地番茄单产水平 ··················· 3

　1.3.2　北京市本地番茄交易情况 ·············· 3

1.4　北京市番茄的栽培方式 ······················ 4

　1.4.1　土壤栽培 ······························· 4

　1.4.2　基质栽培 ······························· 4

第二章　环境要素及设施结构 ······················· 7

2.1　环境调控 ···································· 7

　2.1.1　温度 ································· 7

　2.1.2　光照 ································· 8

　2.1.3　湿度 ································· 8

　2.1.4　气体浓度 ······························ 9

　2.1.5　环境综合管理 ························· 9

2.2　设施结构 ···································· 10

　2.2.1　日光温室 ···························· 10

　2.2.2　塑料棚 ······························· 10

2.3　灌溉系统 ···································· 11

　2.3.1　土壤栽培灌溉系统 ···················· 11

　2.3.2　基质栽培灌溉系统 ···················· 12

第三章　土传病害防治技术及土壤处理 ·················· 13
　3.1　溴甲烷及环境问题 ·················· 13
　3.2　溴甲烷替代 ·················· 14
　　3.2.1　非化学替代 ·················· 14
　　3.2.2　化学熏蒸剂的使用 ·················· 20
　3.3　土壤的翻耕 ·················· 22

第四章　品种选择及育苗 ·················· 23
　4.1　品种选择 ·················· 23
　　4.1.1　市场需求 ·················· 23
　　4.1.2　最适生长期 ·················· 23
　　4.1.3　对当地病害的抗性 ·················· 23
　　4.1.4　对不同气候和土壤条件的适应性 ·················· 24
　　4.1.5　早熟性、产量及效益 ·················· 24
　　4.1.6　产品的价值 ·················· 24
　　4.1.7　充分了解品种特征并试种 ·················· 24
　4.2　幼苗培育 ·················· 25
　　4.2.1　育苗场所 ·················· 25
　　4.2.2　育苗方式 ·················· 25
　　4.2.3　播种期 ·················· 25
　　4.2.4　播种量 ·················· 25
　　4.2.5　种子处理 ·················· 25
　　4.2.6　催芽 ·················· 26
　　4.2.7　播前准备 ·················· 26
　　4.2.8　播种 ·················· 27
　　4.2.9　播后管理 ·················· 27

第五章　栽培管理 ·················· 29
　5.1　生产计划 ·················· 29
　5.2　种植密度 ·················· 30
　5.3　定植 ·················· 30
　　5.3.1　定植前准备 ·················· 30
　　5.3.2　定植时期 ·················· 31
　　5.3.3　定植技术 ·················· 32
　5.4　定植后管理 ·················· 32

　　5.4.1　温度管理 ·· 32

　　5.4.2　光照管理 ·· 33

　　5.4.3　植株管理 ·· 33

　　5.4.4　果实管理 ·· 34

第六章　灌溉和施肥 ·· 36

　6.1　灌溉水的来源 ·· 36

　6.2　灌溉策略 ·· 37

　　6.2.1　土壤栽培灌溉策略 ······································ 37

　　6.2.2　基质栽培灌溉策略 ······································ 38

　6.3　肥料的种类 ·· 38

　　6.3.1　有机肥 ·· 38

　　6.3.2　化肥 ·· 41

　6.4　施肥 ·· 48

　　6.4.1　土壤栽培施肥策略 ······································ 48

　　6.4.2　基质栽培施肥策略 ······································ 50

第七章　病虫害防治 ·· 51

　7.1　有害生物综合防治 ·· 51

　　7.1.1　产前预防 ·· 51

　　7.1.2　无病虫育苗 ·· 52

　　7.1.3　产中防控 ·· 52

　　7.1.4　产后蔬菜残体无害化处理 ································ 54

　7.2　设施番茄常见病害及防治 ···································· 54

　　7.2.1　早疫病 ·· 54

　　7.2.2　晚疫病 ·· 56

　　7.2.3　白粉病 ·· 58

　　7.2.4　细菌性斑点病 ·· 59

　　7.2.5　黄化曲叶病毒病 ·· 60

　　7.2.6　溃疡病 ·· 63

　　7.2.7　灰霉病 ·· 65

　　7.2.8　叶霉病 ·· 68

　　7.2.9　褪绿病毒病 ·· 70

　　7.2.10　根结线虫病 ··· 72

　7.3　设施番茄常见虫害及防治 ···································· 73

7.3.1　粉虱　··· 73

7.3.2　棉铃虫　·· 74

7.3.3　斑潜蝇　·· 75

第八章　收获、准备和产品销售　···································· 81

8.1　收获　··· 81

8.1.1　人员　··· 81

8.1.2　采收容器　·· 81

8.1.3　采收时间　·· 81

8.1.4　田间整理　·· 81

8.1.5　器具清洗　·· 82

8.1.6　田间留置　·· 82

8.1.7　采收记录　·· 82

8.2　产品准备　··· 82

8.2.1　批发市场　·· 82

8.2.2　直销市场　·· 82

8.2.3　配送中心　·· 83

8.3　销售和贮藏　··· 84

第九章　记录和认证　·· 85

9.1　记录　··· 85

9.1.1　记录的重要性　··· 85

9.1.2　记录的内容　··· 85

9.2　认证　··· 88

9.2.1　认证的意义　··· 88

9.2.2　认证的程序　··· 89

9.2.3　认证的条件　··· 89

9.2.4　China GAP 认证标志及级别　··································· 89

第十章　环境卫生、废弃物和污染管理　··························· 91

第十一章　工人安全与技术培训　···································· 93

11.1　工人安全　·· 94

11.1.1　施药安全防护　·· 94

11.1.2　农药施用后安全措施　·· 94

11.1.3　农药中毒现场急救 ··· 95

11.2　技术培训 ··· 95

参考文献 ··· 96

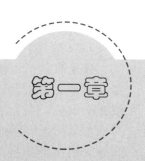

CHAPTER 1

第一章

番茄生产情况概述

1.1 番茄的起源和栽培史

番茄（*Lycopersicon esculentum* Mill.），在中国又名西红柿、洋柿子、番柿等，为茄科番茄属植物，原产于南美洲西部的秘鲁、厄瓜多尔、玻利维亚、智利等热带地区，其野生类型为多年生植物，在原产地至今还可找到野生种。番茄由印第安人带到了北美洲南部的墨西哥，在自然条件和人工选择的共同作用下，番茄产生了丰富多彩的变异，为今天培育性状多样的品种提供了原始的种质资源。

16 世纪，欧洲的航海家将番茄从美洲大陆带到了地中海沿岸，首先在英国、法国、西班牙、意大利等国种植。17 世纪，番茄开始向亚洲传播，由葡萄牙人传到东南亚，再传入中国，18 世纪后期，番茄传入俄国。

番茄是蔬菜大家庭中的新成员，它的栽培历时不长，但是由于其具有营养丰富、适应性广、栽培容易、产量高、用途广等优点，它已广泛分布于世界各地。

番茄是目前世界年总产量最高的 30 种农作物之一，亚洲和欧洲是番茄的主要生产地。20 世纪初期，中国开始将番茄作为蔬菜来栽培和食用，起初由国外传教士将番茄种子带到中国试种，栽培面积很小，直到 20 世纪 40—50 年代，在一些大城市的郊区，番茄栽培才初具规模。50 年代以后种植面积发展非常迅速，到 70 年代时已遍布全国，到 1990 年，全国番茄栽培播种面积达 20.4 万 hm²。进入 21 世纪以来，我国番茄生产规模进一步扩大，根据农业农村部统计资料，2015 年全国番茄播种面积达 140.5 万 hm²，年产量达 7 982.7 万 t。目前，中国已经与荷兰、西班牙、美国等国家一样，成为番茄主要生产国。

1.2 北京市保护地番茄生产情况

日光温室、塑料大棚等设施栽培统称为保护地栽培。保护地番茄生产是指在不适宜番茄生长发育的寒冷或炎热季节，利用保温、防寒或降温、防雨设施和设备，人为地创造适宜番茄生长发育的小气候环境，使其不受或少受自然季节的影响而进行生产的方式。保护地番茄生产茬口较多，传统的茬口有日光温室早春茬、日光温室秋冬茬、日光温室冬春茬、塑料大棚春提早、塑料大棚秋延后等，目前这些茬口仍在不断地丰富，继而出现了塑料大棚春夏秋一大茬等茬口，保证了番茄的周年供应，使得北京市民一年四季都可以吃到新鲜的番茄。

北京市番茄生产设施化程度较高，保护地番茄播种面积及产量占有较大比例。从近几年情况看，保护地番茄播种面积占番茄总播种面积的比例基本保持稳定，始终维持在83%左右；产量占番茄总产量的比例由84.12%波动上涨至92.21%。这从一定层面反映出北京市在设施建设和配套栽培技术投入的背景下，保护地番茄生产率进一步提高了（表1-1）。

表1-1 2014—2019年北京市保护地番茄播种面积、产量及占比

年份	设施番茄播种面积（hm²）	番茄播种面积（hm²）	设施番茄播种面积占番茄播种面积的比例（%）	设施番茄产量（t）	番茄产量（t）	设施番茄产量占番茄产量的比例（%）
2014	4 490	5 380	83.43	28.47 万	33.84 万	84.12
2015	4 200	5 110	82.13	27.40 万	32.64 万	83.93
2016	3 830	4 590	83.40	26.19 万	29.85 万	87.71
2017	2 430	2 940	82.76	25.20 万	27.14 万	92.85
2018	2 040	2 430	84.13	22.42 万	24.57 万	91.25
2019	2 060	2 490	83.02	23.78 万	25.79 万	92.21

数据来源：北京市农业农村局提供。

1.3 北京市番茄的产量及交易情况

北京市本地蔬菜生产在保障蔬菜平稳供应方面起到了重要作用，北京市始终通过提高技术和设施水平来稳定本地蔬菜的自给能力。

1.3.1　保护地番茄单产水平

番茄单产水平受气候、地形等自然条件的影响，也会受到良种与化肥等生产资料投入、生产模式选择、新技术采用等多种因素的影响，对衡量地区番茄供给水平和产业发展具有重要意义。2009—2018 年，北京保护地番茄单产基本稳定在 $80t/hm^2$ 左右，并始终高于全国平均保护地番茄单产水平。依靠首都优渥的农业基础设施和先进农业技术支撑的优势并随着科技水平的进步和科技成果的加速转化，北京市保护地番茄单产水平有望得到进一步提高（图 1-1）。

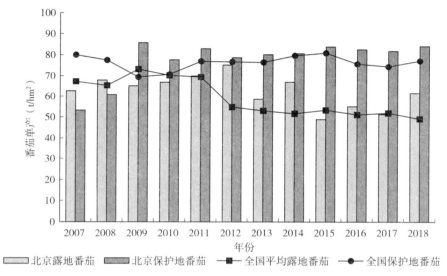

图 1-1　2007—2018 年北京市及全国保护区（露地）番茄单产变动

数据来源：《全国农产品成本收益资料汇编》2008—2019。

1.3.2　北京市本地番茄交易情况

图 1-2 反映了 2014—2019 年北京市本地番茄交易量及地头收购价格的变动情况。2014—2018 年北京市本地番茄交易量呈逐年下降趋势，由 33.84 万 t 下降至 24.57 万 t，减少了 9.27 万 t，增长率为 -27.39%。到 2019 年，番茄交易量又小幅上升至 25.79 万 t。就番茄的地头收购价格来看，2014—2018 年，番茄地头收购价格呈现波动上升趋势，由 2014 年的 2.23 元/kg 增长至 2018 年的 3.23 元/kg，增长了 1 元/kg。与交易量结合来看，符合市场经济的一般规律。北京市番茄产业发展应当注重稳定生产、提升品质，以保证果类蔬菜价格保持稳定并保障农户收入。

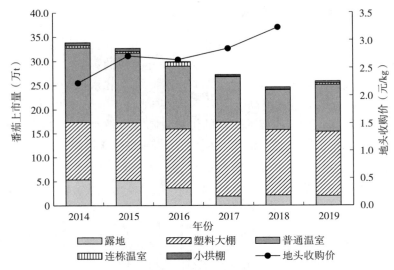

图 1-2　2014—2019 年北京市本地番茄交易量及地头收购价格变动

数据来源：北京市农业农村局提供。

1.4　北京市番茄的栽培方式

　　番茄有多种栽培形式，在 20 世纪，露地栽培是最基本的栽培形式。北京市露地栽培主要以春播为主，即早春播种，夏季收获，秋播番茄也有栽培，但面积较小。随着科技进步，日光温室、塑料大棚和连栋温室等设施番茄生产方式逐步取代了露地生产。本书将重点介绍设施番茄生产的农业规范。根据栽培介质不同，设施番茄生产可以分为土壤栽培和基质栽培两大类型。

1.4.1　土壤栽培

　　土壤栽培是在传统天然土壤条件下栽培作物的生产方式，这种栽培方式在我国已经延续了几千年，目前仍是北京地区最重要的番茄生产方式。

1.4.2　基质栽培

　　基质栽培是设施农业的高级栽培形式，是指脱离传统土壤的栽培方式。据不完全统计，目前北京市无土栽培番茄面积达到 3 000 亩*左右。与传统土壤栽培相比，无土栽培具有避免土壤连作障碍、作物产量高、品质好、省水、省

---

　　*　亩为非法定计量单位，1 亩≈667m²。——编者注

肥、省工等特点，但一次性投资相对较大，对技术水平要求较高。常见的基质主要包括椰糠、岩棉、复合基质（草炭、珍珠岩、蛭石）等。北京地区设施番茄基质栽培的形式如下：

（1）聚丙烯槽式栽培

日光温室番茄基质化生产可以采用聚丙烯槽式栽培系统，栽培槽为U形，采用聚丙烯材质折叠成形，槽体宽度为20～40 cm，深度也为20～40 cm，通过卡子和拉绳组装成形。槽体沿温室栽培方向3‰坡度，底部设置导流板，方便营养液的流通及回液回收，导流板上设防虫网，防止基质粒渗漏堵塞导流板，影响回液收集。该系统适用于椰糠基质栽培，具有拆装简单方便、节约成本、增加根系缓冲性及实现回液收集的特点（图1-3）。

图1-3 聚丙烯槽式栽培系统

（2）下挖槽式栽培

在日光温室设施条件下，还可以采用下挖槽式栽培系统（图1-4），栽培槽为U形，采用地下挖沟形式，主要由地下沟槽、防渗膜（黑白膜）、导流板、防虫网等组成。地下沟槽的宽度为20～40 cm，深度也为20～40 cm，沿温室栽培方向3‰坡度，沟槽内铺防渗膜，防渗膜上设导流板，方便营养液的流通及回液回收，导流板上设防虫网，防止基质粒渗漏堵塞导流板，影响回液收集。该系统适用于椰糠或复合基质栽培，缓冲性强，实现回液收集，进一步降低了成本。

（3）袋式栽培

在塑料大棚设施条件下，建议采用成本较低的袋式栽培系统（图1-5），栽培袋为黑白双色膜填充袋，在畦中央沿大棚延长方向挖宽25 cm、深8～10 cm、坡度3‰的基质袋摆放沟（回液沟），沟底整平，铺一层防渗膜，摆放栽培袋，尺寸23 cm×18 cm×20 cm，配套椰糠块尺寸为23 cm×18 cm×5 cm，或填充散装椰糠基质10 L/袋，畦间距1.4～1.5 m。该系统适用于椰糠基质栽

图1-4 下挖式槽式栽培系统

培，增强了植株根系缓冲性。

 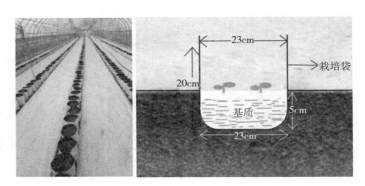

图1-5 袋式栽培系统

CHAPTER 2
环境要素及设施结构

2.1 环境调控

2.1.1 温度

番茄属喜温性植物，但不耐高温。一般情况下，适宜番茄生长发育的气温是 10～30℃，在月平均气温为 18℃ 的季节里生长良好。当气温低于 10℃ 时，生长速度缓慢；低于 5℃ 时，生长停止；0℃ 以下有受冻可能。经过耐寒训练的苗，可忍耐短时间 −2℃ 的低温，长时间处于 1～5℃ 的低温环境，可诱发冷害，弱苗在 1℃ 左右有受冻可能。气温高于 30℃ 时，同化作用显著下降，生长量减少；气温达 35℃ 时，生殖生长受到破坏，不能坐果；气温达到 35～40℃ 时，则植株生理状态失去平衡，并易诱发病毒病。在番茄的不同发育阶段，对温度的要求各不相同。

种子发芽期：种子发芽的适宜温度是 25～30℃，最适地温是 25℃。温度在 35～40℃ 时发芽不良。低于 25℃ 则随温度下降出芽速度缓慢，出芽期推迟，11℃ 为种子出芽的低温极限，当温度降到 11℃ 以下时，停止出芽，且种子容易腐烂。

幼苗期：刚出苗时是番茄生长的低温时期，这时白天适宜的温度为 20℃，夜间为 10～12℃。此时如果温度过高，下胚轴则快速伸长，易形成 "高脚苗"。真叶长出后，白天温度控制为 22～23℃，夜间控制为 12～13℃ 为宜。此时如果白天温度过低，生长量减少，将推迟花芽分化；夜温过低时，将来出花节位低，反之则节位升高。当真叶长至 2～4 片后，花芽分化随即开始，适宜的温度为白天 23～25℃，夜间 15～17℃，昼夜温差为（8±2）℃。

开花坐果期：植株在开花期对温度反应比较敏感，以白天 20～28℃、夜

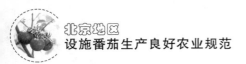
间 15～20℃为最适宜温度。此时温度过低（15℃以下）或过高（35℃以上），花芽分化延迟，每一花序的花朵减少，花朵也较小，并且容易脱落，影响将来的授粉与受精过程，从而影响坐果率和果实品质。

结果期：番茄结实的最低温度为 5℃，最高为 35℃。番茄果实的膨大需要一定昼夜温差，此时要求白天温度为 28～30℃，前半夜为 16～18℃，后半夜为 12～13℃，这样利于果实成熟和着色。

2.1.2　光照

在植物生长过程中，光照度和光照时长是影响光合作用的两个主要因素。番茄是喜光性植物，其生长发育需要充足的光照。在一定范围内，光照越强，光合作用越旺盛；光照时间越长，光合时间也越长。增大光合强度和延长光合时间，是番茄获得高产的重要前提。

番茄的光饱和点为 7 万 lx，多数品种在 11～13h 日照，3 万～3.5 万 lx 的光照度下就能正常发育。苗期光照充足，有利花芽早分化及早现花，若光照低于 1.3 万 lx，则花芽分化大大延迟。光照过强会造成日烧病和病毒病的发生，所以夏季生产时要适当采取遮阳措施，可用遮阳网在 6—8 月遮阳，或在棚膜表面喷涂可冲洗的白色涂料以降低光照度。

番茄属于短日照植物，但经过长期的选择和栽培，其对光照的要求已经不再严格，对日照长度的反应也不敏感，在春播或秋播条件下都可以开花结果，但是延长光照时数可以增加光合作用时间，对花芽形成和植株的生长都有利。番茄生长最适宜的日照长度为 16h，冬季生产时日照时数变短，对番茄产量有一定影响，因此冬季保护地生产中，拉盖棉被时要考虑光照时数的要求，有条件的生产设施可采用人工补光措施增加光照时间。日照超过 16h 时，对幼苗发育反而不利，花芽分化延迟，花芽数也少。

2.1.3　湿度

空气湿度指的是空气中的相对湿度，指空气中水汽压与相同温度下饱和水汽压的百分比。设施生产中，给作物提供相对均一稳定的湿度环境，对于提高产量和品质有重要作用。番茄属于半耐旱作物，其适宜的空气相对湿度为 45%～50%，湿度过高或过低易导致多种生理或病理性病害发生，如引起多种真菌性和细菌性病害发生、影响自花授粉和受精作用、番茄果实表面出现环形裂纹等。

土壤湿度指相对含水量，即土壤含水量占田间持水量的百分比。土壤栽培中，番茄在不同生育时期对土壤湿度的要求不同。苗期对土壤湿度要求不高，一般为 65%左右，如果土壤相对含水量过大易造成幼苗徒长，根系发育不良。

进入结果期后，需要增加水分供应，土壤相对含水量应达 80%，同时应注意均匀灌水。如果土壤水分含量变化不均匀时，如忽干忽湿，容易形成裂果，影响果实的商品性，从而影响经济效益。

基质湿度指基质相对含水量，与土壤相对含水量概念类似，一般由仪器测量得出。基质栽培苗期基质相对含水量控制在 40%～50%，以促进秧苗快速扎根，缓苗后基质相对含水量控制在 40%～65%，开花坐果期基质含水量应在 60%～75%。

2.1.4 气体浓度

影响植物生长的主要是 O_2 和 CO_2 的浓度。O_2 在一般生产环境中是相对充足的，但 CO_2 在环境中的量常不足。CO_2 成为限制光合作用效率的重要因素。CO_2 在大气中的平均含量为 $350～380mg/kg$，适宜番茄生长的 CO_2 适宜浓度为 $800～1\,000mg/kg$。

设施内 CO_2 浓度并不是恒定的，而是一个逐步变化的过程，夜间植物进行呼吸作用，吸收 O_2 放出 CO_2，因此 CO_2 浓度比白天高，白天植物进行光合作用吸收 CO_2 放出 O_2，CO_2 浓度会降低。为了能在有限空间内尽量多地给作物提供 CO_2，在生产管理过程中白天应加强通风。在冬季，相对密闭的日光温室中，可使用 CO_2 发生装置提高 CO_2 浓度，每天上午日出后 $0.5～1h$ 增施 CO_2 气肥，使设施内 CO_2 浓度达到 $800～1\,000mg/kg$，维持 $1.5～2h$。春季、秋季、夏季生产中，由于棚室相对开放，使用各类 CO_2 发生装置或肥料效果不明显，且会带来额外的成本支出。

2.1.5 环境综合管理

上述内容已详细介绍了各个环境要素对番茄生长的影响，在具体的管理过程中需要综合协调各要素，尽可能创造适宜番茄生长的环境条件，促进作物生长。总体来说，番茄幼苗定植后，设施环境温度应控制为 $15～28℃$，湿度控制为 45%～50%，光照度保持在 3 万 lx 以上，并尽可能地提高 CO_2 浓度。

温度是环境要素的核心，环境调控技术的实施应围绕温度展开，任何技术措施的实施都不应以牺牲温度为代价。例如：在生产中需要通过开闭风口调节棚内湿度，但有时存在矛盾，尤其在冬季，棚内湿度较大，需要放风，但风口开放时间过长必将导致热量损失，此时应适当放风降湿后及时关闭风口，以免棚内温度过低影响作物生长。又如：春大棚生产后期以及秋大棚生产前期，遮阳网覆盖可有效降低棚内温度，虽然对光照有较大影响，但此时仍应以降温为主。

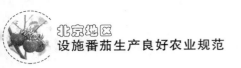

2.2 设施结构

2.2.1 日光温室

依据《设施园艺工程术语》（GB/T 23393—2009），日光温室是指由保温蓄热墙体、北向保温屋面（后屋面）和南向采光屋面（前屋面）构成的可充分利用太阳能，夜间用保温材料对采光屋面外覆盖保温，可以进行作物越冬生产的单屋面温室。

进行番茄冬季生产的日光温室，要求具有良好的采光蓄热和保温能力，并配备应急加温设备，要求冬季室内外最低温差要达到21℃以上，即当室外最低温度在−15℃以上时，室内夜间最低气温不应低于6℃，当室外最低温度在−15℃及以下时，应根据降温程度和持续时间进行应急辅助加温，以保证室内最低气温不低于10℃。

为达到上述性能指标，在日光温室建造前应由专业技术人员根据当地纬度和气候特点及生产需求进行合理设计并由专业队伍施工建造。以北京地区为例，温室跨度不宜小于8m、砖混墙体厚度不宜小于60cm，土墙厚度不宜小于80cm，并于墙体外侧加设保温防护层，作业最低高度不宜小于0.8m，前屋面平均采光角不宜小于30°，后屋面仰角38°~45°，后屋面水平投影1.2~1.5m。

2.2.2 塑料棚

根据《设施园艺工程术语》（GB/T 23393—2009）塑料棚是指以竹、木、钢材等材料做骨架（一般为拱形），以塑料薄膜为透光覆盖材料，内部无环境调控设备的单跨结构设施。

依据规格尺寸，塑料棚可划分为小拱棚、中拱棚和塑料大棚3种：小拱棚一般跨度1~3m、高度1~1.5m，主要用于露地蔬菜的春提早、秋延后或耐寒蔬菜的越冬栽培以及日光温室或塑料大棚蔬菜生产低温时期的增温保温；中拱棚一般跨度3~6m、高度1.5~2.3m，是介于小拱棚和塑料大棚之间的一种设施类型，主要用于露地果菜类蔬菜及草莓和瓜果等的春早熟或秋延后生产。

塑料大棚是用塑料薄膜覆盖的一种大型拱棚，与温室相比，具有结构简单、建造和拆装方便、一次性投资较少等特点，与中、小拱棚相比，又具有坚固耐用、使用寿命长、棚体空间大、作业方便及有利于作物生长、便于环境调控等特点。

依据骨架材料，塑料大棚可分为竹木结构、钢架结构、钢竹混合结构和镀锌钢管装配式结构等几种类型。

在番茄生产中宜选用镀锌钢管装配式带肩大棚，单栋大棚的跨度8~12m、脊高 2.5～3.5m、肩高不低于 1.6m，两侧山墙中部设置推拉门或平开门，门洞宽度不小于 2m、高度不小于 1.8m 以满足农机作业的需求。大棚通风口及门口应加设孔眼密度不小于 40 目[①]的防虫网做好烟粉虱等小型害虫的防控，对于沿大棚延长方向栽植的棚室宜加装行间往复悬吊式运输车以减轻产品运输的劳动强度。

2.3 灌溉系统

2.3.1 土壤栽培灌溉系统

适宜北京地区番茄栽培的节水灌溉系统主要有滴灌系统和膜下带式微喷系统。

（1）滴灌系统

通过低压管道系统和安装在末级管道上的特制灌水器，将水或水肥混合液以较小的流量均匀、准确地直接输送到作物根部附近的土壤表面或土层中，具有节水、节肥、省工、增产和增收等优点。较常规灌溉，一般可节水 50% 左右，节肥 30% 左右。滴灌系统主要由水源、机井首部枢纽、输配水管网、设施首部枢纽和灌水器等部分组成。

水源：主要有河流水、湖泊水、水库水、井水和水窖水等，只要水质和流量符合要求，均可以作为灌溉的水源，京郊主要以井水作为水源。

机井首部枢纽：主要由水泵及动力机、过滤装置、控制阀门、计量装置等设备组成。其作用是从水源中取水经加压过滤输送到输水管网中去，并通过压力表、流量计等测量设备监测系统运行情况。如果种植面积较大，可在首部枢纽加装施肥装置。

输配水管网：将首部枢纽处理过的水按照要求输送到每个灌水单元和灌水器。输配水管网包括干管、支管和毛管等三级管道。通常干管为地下管道，采用聚氯乙烯（PVC）塑料管，管径 110mm，承压能力达到 0.6 MPa。支管为地面管道，采用抗老化聚乙烯（PE）管。

设施首部枢纽：主要由计量设备、控制设备、安全保护设备和施肥设备等组成。其中计量设备包括水表、压力表等；控制设备包括球阀、闸阀、电磁阀等；安全保护设备包括过滤器、安全阀、逆止阀等；施肥设备包括压差式施肥器、文丘里施肥器、比例施肥泵或注肥泵等。

灌水器：指位于输水管路末级支管（毛管）上，利用一定的构造将灌溉水的压力改变，并以水滴、细流等形式将水分配到作物根系附近的装置。灌水器

---

① 指每英寸筛网上的孔眼数目。40 目就是指 1 英寸（25.4mm）筛网上的孔眼是 40 个。

是滴灌系统的关键部分，可以分为长流道滴头、孔口式滴头、涡流式滴头和压力补偿式滴头等。生产中常用滴灌管、滴灌带（将滴头与毛管制成一个整体，兼具配水和滴水功能），无土栽培中多用滴箭。

（2）膜下带式微喷系统

利用水泵加压将灌溉水通过薄壁多孔式微喷带（又称为喷水管、喷雾管、多孔管、喷水带等）喷射出，补充土壤水分不足的一种灌溉方法。番茄应用时需要在微喷带上覆盖地膜，灌溉水喷到地膜上再流到土壤中，较畦灌、沟灌等节水 35％以上。

膜下带式微喷系统主要由水源、机井首部枢纽、输配水管网、设施首部枢纽和灌水器（微喷带）等组成。水源、机井首部枢纽、输配水管网和设施首部枢纽介绍同滴灌系统。

灌水器为微喷带，一般直径 40mm，孔距 25cm，斜 3 孔。每畦面中部铺 1～2 条微喷带，铺设条数视带宽和孔间距而定。微喷带出水孔在带的边缘两侧，以免地膜堵塞出水孔。

2.3.2　基质栽培灌溉系统

番茄基质栽培灌溉系统由水源、机井首部枢纽、输配水管网、设施首部枢纽和灌水器等组成，其中水源、机井首部枢纽、输配水管网介绍同滴灌系统。

设施首部枢纽：主要由水净化处理设备、计量设备、控制设备、施肥设备、安全保护设备、消毒设备和回液贮存装置等组成。计量设备包括水表、压力表等；控制设备包括球阀、闸阀、电磁阀等；施肥设备为施肥机，配套 3～4 个肥液罐；安全保护设备包括过滤器、安全阀、逆止阀等；消毒设备为紫外消毒处理机。

灌水器：灌水器常用滴箭，在生产中可以选择一分二式或一分四式，将滴箭插在植株根系附近，一株番茄配套一根滴箭。

CHAPTER 3
土传病害防治技术及土壤处理

3.1 溴甲烷及环境问题

19 世纪 40 年代，溴甲烷就被作为一种土壤消毒物质来防治土传病害。溴甲烷又名甲基溴，分子式 CH_3Br，是一种卤代烃类熏蒸剂，在常温下蒸发成比空气重的气体，同时具有强大的扩散性和渗透性，可有效杀灭土壤中的真菌、细菌、土传病毒、昆虫、螨类、线虫、杂草、啮齿动物等。溴甲烷作为熏蒸剂具有下列显著优点：①生物活性高、作用迅速，很低浓度可快速杀死绝大多数生物；②沸点低，低温下即可气化，使用不受环境温度限制；③化学性质稳定及水溶性低，应用范围广，可熏蒸含水量较高的物质；④穿透能力强，能穿透土壤、农产品、木器等，杀灭位于深层的有害生物；⑤使用多年，有害生物的抗性上升很慢；⑥用于土壤消毒，可减少地上部病虫害的发生，并可减少氮肥的用量，能显著提高农产品的产量及品质。因此，溴甲烷自 20 世纪 40 年代就开始应用，直到 2005 年被发达国家先行淘汰，它曾是世界上应用最广泛的熏蒸剂。溴甲烷广泛应用于土壤消毒、仓库消毒、建筑物熏蒸、植物检疫、运输工具消毒等。

溴甲烷防治多种病虫害都非常有效，除用于土壤消毒外，也用于消毒运输土壤、贮藏货物的交通工具（如拖车、卡车、船、货车等）。溴甲烷也用于出口的农产品以及实验室消毒，使用它操作简便，而且由于是气体，它能够很快渗透到被处理的材料中。

在施用溴甲烷的区域，能消除微生物之间的竞争。溴甲烷是高毒气体，如果吸入有可能致死。溴甲烷含有溴原子，对臭氧层的破坏极为严重，而臭氧层是地球上所有生物的保护伞。

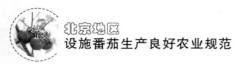
1989 年，在联合国环境规划署指导下签订的《蒙特利尔议定书》（后文简称《议定书》）于 1989 年 1 月 1 日起生效。《议定书》规定了各签约国限制受控物质〔最初为 5 种氯氟烃（CFCs）和 3 种哈龙（Halon）〕的生产和消费所必须采取的步骤。《蒙特利尔议定书》及作为其基础的《维也纳公约》是第一批保护大气层的全球性条约。截至 2019 年 12 月 20 日，共有 197 个缔约方签署了该公约，中国于 1991 年 6 月 14 日签署了《议定书》。

新的科学信息很快证明，最初的《议定书》不能很好地保护臭氧层。1990 年 6 月在伦敦会议所做的修正采取了补充受控物质的方法，并对发展中国家提供技术和经济援助。《伦敦修正案》增加了 10 种 CFCs、四氯化碳和三氯甲烷，并对受控物质的限制规定了期限，其生效日期为 1992 年 8 月 10 日。截至 2018 年 12 月 20 日，共有 197 个缔约方签署了该公约，中国于 1991 年 6 月 14 日签署了《伦敦修正案》。

溴甲烷是 1992 年在《蒙特利尔议定书哥本哈根修正案》（后文简称《修正案》）上被列为受控物质的，其生效日期为 1994 年 6 月 14 日。截至 2019 年 12 月 20 日，共有 197 个缔约方签署了《修正案》，中国于 2003 年 4 月 22 日签署了《修正案》。根据《修正案》，发达国家要在 2005 年、发展中国家要在 2015 年全部淘汰溴甲烷的使用（装运前和检疫熏蒸及其他必要用途可豁免）。

3.2 溴甲烷替代

溴甲烷的替代被分为：化学替代、非化学替代、化学及非化学结合替代。非化学替代包括：太阳能消毒、生物熏蒸、堆肥的应用、有益微生物的应用、蒸汽消毒、臭氧消毒、火焰消毒、嫁接的应用、抗性品种的应用等。广泛的化学替代品包括：威百亩、棉隆。新的土壤熏蒸剂有异硫氰酸烯丙酯、硫酰氟等。化学替代与非化学替代技术可结合应用，以减少熏蒸剂的用量。

3.2.1 非化学替代

（1）太阳能消毒

太阳能土壤消毒是指在高温季节通过较长时间覆盖塑料薄膜来提高土壤温度，借以杀死土壤中包括病原菌在内的许多有害生物。由于它具有操作简单、经济适用、对生态友好等诸多优点，其研究和应用日益受到人们的重视。太阳能消毒的技术要点是：①在气温较高的夏季进行；②旋耕土壤，安装耐热的滴灌带；③覆盖较薄的透明塑料薄膜，建议厚度为 25～30μm；④滴水 30～40L/m²，保持土壤湿润以增加病原休眠体的热敏性和热传导性能；⑤如果可能，在夏季将温室或大棚塑膜覆盖，以提高效果；⑥结合耐热生防菌可取得更好的效果。如果无耐热滴灌设施，可以先将土壤浇透，当土壤相对湿度为65%～70%时，进行旋耕，然后覆盖透明塑料薄膜。在夏季保持太阳能消毒4～6周，对土传病害有较好的防治效果。

实际生产中，受气候的影响，太阳能消毒的效果经常不稳定，特别是土壤深度10cm以下的温度很难达到50℃，因而效果有限。

（2）生物熏蒸

生物熏蒸是种植前在土壤中施入动物有机体及蔬菜废弃物的混合物，通过释放的热能及有机材料分解过程中释放的一些化学气体达到消毒的目的。土壤中的有机物质丰富，在生物熏蒸过程中，微生物活性增强。在有机体分解过程中释放的气体混入土壤中，作为一种有毒物质来杀死病原物及其他微生物。

生物熏蒸与太阳能消毒极为相似，都是在铺滴灌管前需要先把有机肥施在土壤表面。有机肥料的使用量为鲜牛粪 $50\sim70t/hm^2$、鸡粪 $20t/hm^2$、蔬菜废弃物 $60\sim80t/hm^2$。其他的程序与太阳能消毒一样。生物熏蒸时需根据土壤需要何种肥料决定使用哪种有机肥。

（3）堆肥的应用

温室栽培通常需要土壤有机质含量超过5%，如果缺少有机质，则植物根系不能很好地生长，而且有益微生物活性也会降低，并且抑制植物对矿物质的吸收、导致土传病虫害更加难以防治。最终导致植物生长微弱，产量和品质降低。这种情况下，土壤里添加堆肥就显得尤为重要。

堆肥是一种环境友好型方法，成本低廉而且使用简便。首先，将植物残渣收集到一个合适的地方，用机器切成碎屑后堆放，以加速腐烂。为了加速堆肥的腐烂过程，加入硫酸铵、7kg 磷酸盐和有机物（稻壳、茎秆、干草等）。滴灌安装在堆肥上面，然后用塑料膜覆盖，持续浇水，避免堆肥过干。堆肥需要1个月翻1次，3～4个月就可以使用，不过也得看气温状况。腐熟的堆肥当温度降到38℃时就可以使用了，它的颜色变成深棕色或发黑时，说明已经很好地腐熟了，这时堆肥颗粒的手感和味道就像土壤一样。腐熟的堆肥每公顷用量为60～80t，与土壤混匀后使用。

在消过毒的土壤中加入蚯蚓粪具有良好的环境效应。蚯蚓粪可自行生产或购买商业产品。

（4）有益微生物的应用

土壤作为居住环境，其内包含了非常多的微生物，一些是有益的，一些是有害的。生物防治主要就是应用有益微生物来控制有害微生物的危害。土壤有机质的含量超过4%，土壤含水量达到一定水平，并且温度维持在10～15℃时，应用有益微生物进行生物防治才能成功。施用有益微生物的器械压力不能超过一个大气压，因为这个过程中需要用到像滴灌和小瓶这样的设备。在高压

下有益微生物会受到损害，因为生物防治元素是有机体，各种物理化学措施都可能伤害它们。

不论是实验室生产的还是生物反应器合成的微生物都可作为生物防治的"武器"。有益真菌或细菌都是很受欢迎的防治土传病害的武器，包括木霉、后口虫、芽孢杆菌、假单胞菌等菌制剂都是可用的生防菌制剂。生防菌制剂的使用有以下几种方法：配成溶液处理移栽前的幼苗；定植后，根周围灌溉；或者是以一定剂量在周边环境中使用，配合低压施用微生物。

（5）蒸汽消毒

蒸汽消毒是通过高压密集的蒸汽，杀死土壤中的病原生物。此外，蒸汽消毒还可使病土变为团粒，提高土壤的排水性和通透性。蒸汽消毒具有：①消毒速度快，均匀有效，只需用高压蒸汽持续处理土壤，使土壤保持在 70℃，30 min 即可达到杀灭土壤中病原菌、线虫、地下害虫、病毒和杂草的目的，冷却后即可栽种；②无残留药害；③对人畜安全；④无有害生物的抗药性问题。因此，蒸汽消毒法是一种良好的溴甲烷替代技术。

在欧洲蒸汽消毒技术被广泛使用。根据蒸汽管道输送方式，蒸汽消毒可分为：①地表覆膜蒸汽消毒法，即在地表覆盖帆布或抗热塑料布，在开口处放入蒸汽管，但该法效率较低，通常低于 30%。②管道法，即在地下埋一个直径 40mm 的网状管道，通常埋于地下 40cm 处，在管道上，每 10cm 有一个 3mm 的孔，该法效率较高，通常为 25%～80%。③负压蒸汽消毒法，即在地下埋设多孔的聚丙烯管道，用抽风机产生负压将空气抽出，将地表的蒸汽吸入地下。该方法在深土层中的温度比地表覆膜高，热效率通常为 50%。④冷蒸汽消毒法，一些研究人员认为 85～100 ℃的蒸汽通常能杀死有益生物如菌根，并产生对作物有害的物质，因此，提出将蒸汽与空气混合，使之冷却到需要的温度，较为理想的温度是 70℃，消毒时间 30min。

温度与杀死病原菌的关系见图 3-1。

蒸汽消毒是一种非常有效的土壤消毒方法，能杀死各种病虫害和杂草。但是高耗能（高成本）阻碍了这项技术的广泛使用，蒸汽消毒通常用于无土栽培基质的消毒。

蒸汽的产生可以靠多种能源，例如天然气、煤、柴油。使用蒸汽的地方要保证潮湿，产生蒸汽的滴管安装在土壤深度为 30～40cm 处或者种植区域里。

土壤或其他种植机质的表面要覆盖耐高温薄膜。在蒸汽机的压力下产生的高温蒸汽直接被利用。

一般蒸汽消毒需要 30～45min，如果土壤里有大量的锰或其他生长基质则需要更长时间（＞1h）。如果蒸汽消毒时间不足（＜20min）或蒸汽温度偏低（＜80℃）则不能达到很好的防治效果。因此，使用蒸汽消毒技术一定要遵循

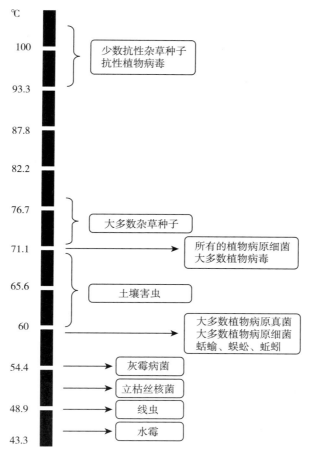

图 3-1　杀死有害生物所需的温度

温度及时间的规则。

（6）臭氧消毒

臭氧具有强氧化性，因而具有消毒、杀菌、除臭、防霉、保鲜等功能。臭氧对细菌、病毒等微生物的内部结构有极强的氧化破坏性，可达到杀灭细菌繁殖体、芽孢、病毒、真菌和原虫胞囊等目的。臭氧在消毒杀菌过程结束后，可以自然分解还原成氧气，对土壤和空气都不产生二次污染。

臭氧消毒是将臭氧溶于水中，其水溶液具有良好的杀菌作用，消毒时可将臭氧水溶液均匀施入土壤。臭氧消毒的方法是：①将臭氧发生器接好电源和滴灌设备，调节好混合器，如图 3-2 所示；②铺设塑料膜，薄膜四周用反埋法压紧，如图 3-3 所示；③使用机器生产臭氧；④用处理过的臭氧水浇地，进行土壤消毒，如图 3-4 所示。

图 3-2　臭氧发生器

图 3-3　铺设塑料膜

图 3-4　臭氧水浇地

影响杀菌作用的因素：

①pH：用臭氧水溶液消毒时，若 pH 增高，则所需浓度必须增高。

②湿度：用臭氧熏蒸消毒时，相对湿度高则效果好，低则效果差，对干燥菌体几乎无杀菌作用。

③温度：温度降低有利于臭氧的溶解，可增强其消毒作用，甚至在 0℃亦能保持较好的杀菌效果，如水温为 4～6℃时，臭氧用量为 100mg/L，水温10～21℃时，臭氧用量为 160mg/L，水温 36～38℃时，臭氧用量时则为320mg/L，有机物可降低其杀菌作用。

（7）火焰消毒

火焰消毒是将天然气、丁烷或煤油喷射在一个特定的面罩下，土壤以匀速流过面罩，在火焰的高温下杀死地下害虫、线虫、杂草和病原菌。该技术由中国开发并逐渐商业化。该技术的优点是：①成本低；②不用塑料布；③无水污染问题；④无地域限制；⑤消毒后即可种植下茬作物。火焰消毒机见图 3-5。

图 3-5　火焰消毒机

（8）嫁接的应用

嫁接苗能够提高抵御生物及非生物不良条件的能力，或者通过嫁接到砧木上的方式提高这些植物的抵御能力。由于砧木发达的根系结构，能够充分利用肥水。这项技术在西瓜、茄子及番茄上取得了很好的效果。

嫁接苗的优势：①抵抗土传病害及线虫；②为环境友好型农业提供机会，因为嫁接苗很少需要化学农药；③不易被盐分、高湿等环境因素影响；④强壮的根系结构更能充分利用土壤养分；⑤对于一些品种，嫁接苗更早熟且高产。

（9）抗性品种的应用

这么多年的育种工作培育出了一系列抵抗土传病害及线虫的品种。这些抗性品种能够在不施用任何化学农药的情况下健康生长。尤其是番茄，抵抗不同

病害的不同番茄品种已经培育出来，同时也培育出了辣椒及西瓜的抗性品种。在育种工作中，研究者更多关注的是番茄的病害，如线虫病、褐根腐病、枯萎病、黄萎病等。目前市场上有很多抗性品种被生产者使用。

限制抗性品种应用的主要因素有：新菌株的出现、病原种群的增多、病原最适生存环境的建立等。

3.2.2 化学熏蒸剂的使用

可使用的熏蒸剂不多，主要有棉隆、威百亩、异硫氰酸烯丙酯、二甲基二硫、氯化苦、1，3-二氯丙烯等。因为农药必须登记并满足法规要求，因此，作为良好农业规范，仅介绍在我国登记的低毒或中等毒性的熏蒸剂品种。

土壤熏蒸消毒用来控制土壤中存在的多种病虫害。熏蒸可以每年进行一次或更少。目标包括杂草、线虫、真菌和其他病原体，还有地下害虫。

在开始土壤消毒之前，有一些很重要的初步措施要开展。感染病害的作物残渣必须从温室里清除。为了提高药剂处理效果，土壤应深耕，土块应充分破碎，温室土壤应该平整。施用的化学熏蒸剂及施用方法是根据土壤结构，所感染的病害，及可使用的设备而决定的。在化学熏蒸过程中，土壤温度应保持在15～30℃，需要做好预防措施，如佩戴防毒面具、手套等。液体熏蒸剂应盖膜后通过滴灌进行；固态药剂应与土壤充分混匀并迅速盖膜。敞气时间应不少于2周，较长的熏蒸时间（6～8周）可以提高效果。在熏蒸前，土壤应保持湿润，以便土壤中的病原菌和杂草处于活跃状态，易于被熏蒸剂杀死。只有熏蒸剂的毒性完全散失才能开始种植。如果希望掌握熏蒸剂是否敞气完全，可以种植十字花科植物来检验是否有熏蒸剂残留。安全性检测方法为：取2个透明广口瓶或玻璃容器，分别快速装入熏蒸过和未熏蒸过的土壤（10～15 cm处），用镊子将湿的棉花平铺在土壤表面，放入20粒浸泡过发芽的种子，然后盖上瓶盖，置于无光照条件、25℃下培养2～3d，记录种子发芽数，并观察根尖的状态，如无根尖烧根现象，则表明通过了安全性测试，可以栽种作物。

（1）棉隆的施用

对于种植中的土传病害和杂草问题，棉隆是一种非常有效的熏蒸剂。这种药剂同土壤中的水发生反应，变成气体生产异硫氰酸甲酯（MITC），MITC对土壤中的病害、地下害虫，特别是杂草均有良好效果。

棉隆在保护地栽培过程中，通常用量为400kg/hm²。施药前应尽可能让土壤保持一段时间的湿润。棉隆可以用手或专用机械均匀撒在土壤表面，然后用旋耕机将药剂与土壤混匀，最后覆盖塑料薄膜。

如果土壤较干，将药剂用旋耕机旋耕后，应铺设滴灌管，然后覆盖塑料薄膜，通过滴灌系统浇水，直到达到田间持水量。棉隆应封闭覆膜熏蒸3～4周，然后敞气 2～3 周,温度低时,覆膜和敞气时间应延长。棉隆撒施机见图3-6,棉隆秸秆还田一体机见图3-7。

图 3-6　棉隆撒施机

图 3-7　棉隆秸秆还田一体机

（2）威百亩的施用

35％威百亩水剂是一种具有熏蒸作用的二硫代氨基甲酸酯类杀线虫剂。在土壤中逐渐放出异硫氰酸甲酯,杀灭土壤中的根结线虫、土传病原菌、地下害虫、螨类,以及杂草。

威百亩有很好的水溶性,可通过滴灌施药,见图3-8。在覆盖塑料薄膜且边缘用土密封后,威百亩通过滴灌系统以 1 000～1 250L/hm² 的用量施用。在施用过程中,保持密封是非常重要的。

因为威百亩强烈的味道,施药地应该与居住地保持 200～300m 的距离。它能伤害到施药温室附近 20～30m 处的树木。熏蒸揭膜后,应通过安全性测试,才能移栽番茄幼苗。

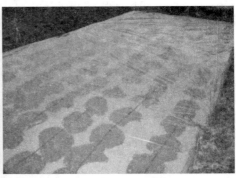

图 3 - 8　威百亩施药方法

（3）异硫氰酸烯丙酯的施用

异硫氰酸烯丙酯（AITC）是十字花科植物中存在的一种天然组分。它主要用于食品添加剂的制作等，还可用作油膏和芥子硬膏的抗刺激剂，也用于有机合成。异硫氰酸烯丙酯以液态和汽化形式存在时，具有很强的抗菌作用，具有较好的杀线虫效果。

异硫氰酸烯丙酯在番茄定植前 30d 以上，地面开沟，沟深 15～20cm，每亩兑水 500 倍均匀施于沟内，盖土压实后，覆盖地膜进行熏蒸处理 15d 以上，敞气后即可移栽。异硫氰酸烯丙酯每季作物施用一次。

异硫氰酸烯丙酯也适合滴灌系统或注射施药。滴灌系统在施用前，滴灌管安装在土壤中，间距 30cm，药剂装入灌溉箱中。滴灌系统开启，使稀释后的药剂流入 30cm 深的土壤中。在厚实土壤中使用时，水分应为土壤保水量的一半；对于轻质土，应在施药前 1～2d 浇水至土壤田间持水量。

3.3　土壤的翻耕

种植前的第一步是翻耕土壤。消毒后的土壤应避免深耕。通常 0～30cm 处的土壤消毒较为彻底。如果进行深耕，底层土壤中的线虫等被翻出，与干净土壤混合，这样之前的消毒工作将前功尽弃。种植前开展的翻耕应由设备（旋耕机等）进行，仅仅针对上层土壤。

CHAPTER 4
第四章
品种选择及育苗

4.1　品种选择

　　番茄品种的选择对番茄产量和经济效益有较大影响。品种的选择要考虑多方面的因素，如品种的生长类型、适应性、抗病性和栽培的环境条件，以及消费者的消费习惯、番茄的销售渠道等。

4.1.1　市场需求

　　针对大果鲜食类型番茄北京地区人们大多喜欢粉红果番茄品种，其果实大小为 200～280g。近年来，人们对优质口感品种的需求不断增加，这类品种果实较软，风味浓，但果易裂，不耐贮运。另外，针对樱桃番茄的市场需求，要选择耐贮运性强，糖度高，口感较好的品种，果实大小在 25g 左右，红果或粉红果均可。

4.1.2　最适生长期

　　根据栽培的环境条件（包括设施环境）明确可以种植番茄的生长期有多长，再选择不同类型和熟性的番茄品种，将开花坐果期安排在最适番茄生长的时期（环境温室 15～26℃），并尽可能地延长结果期，以提高番茄的产量和质量。如大棚生产宜选择早熟或中早熟的高封顶和无限生长型品种；温室栽培要选择连续生长结果能力强的无限生长型品种。

4.1.3　对当地病害的抗性

　　不同地区和不同季节主要发生的病害有所区别，宜选择对当地主要发生

病害有抗性的品种。北京地区番茄生产中常发生的病害主要有黄化曲叶病毒病、褪绿病毒病、烟草花叶病毒病、根结线虫病、枯萎病、根腐病、灰叶斑病、叶霉病、灰霉病等。不同季节病害发生的普遍程度也不同，如在夏秋育苗时，定植的番茄黄化曲叶病毒病发生普遍，这一时期种植番茄必须选择抗黄化曲叶病毒病的品种。生产者需根据生产季节、地区，甚至具体的栽培地块的发病特点（如是否有过根结线虫病等土传病害的发生等）选择相应抗病品种。

4.1.4 对不同气候和土壤条件的适应性

不同季节、不同的栽培设施和土壤条件的差异等造成了栽培环境的不同，需选择相适应的番茄品种。温室中土壤易发生连作障碍、土传病害，应选择抗根结线虫、枯萎病、根腐病等品种。日光温室越冬栽培宜选择耐低温性好、果实商品性好、连续生长结果能力强的番茄品种。

4.1.5 早熟性、产量及效益

早熟品种表现为前期产量高、总产量低、果实商品性差等特点，一般在生长季较短的季节或设施中使用，如大棚春提前或秋延迟栽培。春提前是为了早春提前上市，争取更高的市场价格；秋延迟栽培是为了在有限生长期内获得更高的产量和效益。而中熟或晚熟品种总产量高，果实商品性好，在日光温室中栽培宜选择中熟或晚熟品种。

4.1.6 产品的价值

番茄不同品种其产品的特点和消费群体不同，产品的价值也有较大区别。北京地区大众消费的番茄产品（果实）大多为硬果型粉红果，其果实耐贮运性好，果实在生产、运输和销售中损耗少，价值一般；另一些番茄品种果实较软，糖酸比适中，风味浓，口感好，市场价值是硬果番茄的3～4倍，但这类品种果实易裂，不耐贮运，在生产、运输和销售中损耗较大，市场流通的时间较短。因此，生产者在选择品种时需根据自己的生产条件、销售渠道和消费群体选择产品价值不同的番茄品种。

4.1.7 充分了解品种特征并试种

优良的品种必须要有配套的生产技术才能发挥出优良品种的优势。生产者在规模化种植某个番茄品种前需经两个以上生长季的试种，在充分了解品种特征特性和相应栽培技术的基础上选择相应的番茄品种，不能只凭过去的经验将习惯做法套用到未经试种的新品种上。

4.2 幼苗培育

4.2.1 育苗场所

日光温室早春茬和春大棚生产应选用具有加温设备或具有应急加温功能的保温性能良好的日光温室或连栋温室作为育苗场所；其他茬口育苗宜在具备遮阳、通风、降温、防虫和避雨条件的设施内进行，通常为塑料大棚。

4.2.2 育苗方式

北京地区宜采用穴盘育苗方式。穴盘是一种用塑料制成的分格育苗盘，在穴盘的每个格子内装满基质后各栽种 1 棵幼苗。为适应工厂化育苗精量播种的需要，同时提高苗床的利用率，一般选用规格化的育苗盘，其外形和孔穴的大小已经实现了标准化。其规格为宽 28 cm、长 54 cm、高 3.5～5.5 cm，孔穴数量为 50 孔、72 孔、128 孔、200 孔等。番茄育苗应选择 72 孔穴盘。

4.2.3 播种期

保护地番茄育苗应根据定植时间及日历苗龄倒推播种期，冬春季节育苗，番茄日历苗龄为 50～55 d，夏秋季节育苗，番茄日历苗龄为 25～30 d。北京市番茄生产茬口较多，各茬口播种期详见第五章中"生产计划"一节。

4.2.4 播种量

番茄播种量需根据种子出苗率、成品苗率、千粒重以及种植密度进行推算，北京地区番茄生产每亩定植 2 800～3 200 株，采用穴盘育苗，每亩用种量为 15～20 g。部分品种以粒为销售单位，该种情况下，每亩用种量为 3 500～4 000 粒。

4.2.5 种子处理

种子的播前处理可防控种传病害并有效提高发芽率，但经过包衣处理的种子不可进行种子处理，应当直接播种。常用的种子处理方法有温汤浸种和药剂浸种，具体操作如下：

温汤浸种：取一清洁的盆，注入种子体积 4～5 倍的 55℃的热水，把种子投入，同时用木条沿同一方向匀速搅拌。用温度计测量水温，当温度下降时，继续加入热水，使其保持 55℃恒温 15 min。随后继续不停搅拌，待水温降至 30℃时停止搅拌，浸泡 4～6 h，即可播种或催芽。

药液浸种：在药剂消毒前，先将种子浸水 10 min 左右，除去漂浮在上面

的瘪种子，再进行消毒处理，温汤浸种后的种子洗净后也可继续用药液浸种。可选用1％柠檬酸溶液浸泡种子40～60 min，防控种传细菌性病害；或选用10％磷酸三钠溶液浸泡种子20 min，防控种传病毒病。药液浸种后一定要再用清水彻底清洗种子。

4.2.6　催芽

在冬季育苗的过程中，为了使种子快速发芽且使幼苗长势稳定，可采用人工催芽的方法，春季和夏季育苗则可直接播种。

种子处理后，置于25～30℃恒温下催芽，催芽期间保持种子湿润。散户育苗可用透气性良好、洁净、半潮湿的纱布或毛巾将种子包好，种子厚度不超过5 cm，放在25～28℃的恒温箱中催芽。催芽期间每天要用温水淘洗一遍，补充水分并防止种子因缺氧而发生酒精发酵导致烂种。吸足水后的种子在温度具备、氧气充足的条件下，经48 h便可发芽，隔年陈种子，发芽稍迟缓，72 h左右也可出芽。种子露出1～2 mm的胚根后即可播种。当种子已经发芽，却遇到天气突变或其他情况不宜播种时，可将有芽种子在保湿条件下，放在温度为0～10℃的环境中保存，有条件者放入家用冰箱的冷藏室内，或放在冷凉屋内，经常翻动，保持芽不干，待天气好转即可播种。集约化育苗场可在播种后将穴盘摆放在智能催芽室、简易催芽室等处进行催芽，催芽温度可设置为25～28℃。

4.2.7　播前准备

（1）育苗棚室消毒

喷雾消毒法：每亩可选用20％异硫氰酸烯丙酯水乳剂1 L，每升制剂兑水3～5 L，施药后密闭棚室熏蒸12 h，然后放风3 d以上；或杀菌剂选250 g/L吡唑醚菌酯乳油、60％唑醚·代森联水分散粒剂、10％苯醚甲环唑水分散粒剂等，杀虫剂可选兼治螨类的5％阿维菌素乳油等喷雾消毒。尽量采用常温烟雾施药机等雾化效果好的施药器械施药。

烟雾消毒法：杀虫可选22％敌敌畏烟剂、3％高效氯氰菊酯烟剂、20％异丙威烟剂和12％哒螨·异丙威烟剂，杀菌可用15％腐霉·百菌清烟剂、电热硫黄蒸发器等进行消毒。播种育苗前要放风至无味。

高温闷棚法：夏季利用太阳高温闷棚消毒，密闭棚室，确保棚内温度达到46℃以上，闷棚7～15 d。

（2）基质准备

根据作物幼苗生长发育特性选购适宜的商品基质或技术人员利用田土、蛭石、草炭、珍珠岩等按照一定比例自行配制。配制时选择透气性强、排水性好、高盐基代换量、缓冲性好、无虫卵、无草籽、无病原菌的优质草炭、蛭石、珍珠岩按体积比 3：1：1 配制，每平方米加入 1～2 kg 复合肥（N－P_2O_5－K_2O＝15－15－15）混拌均匀。

基质混拌过程中，可使用 20％异硫氰酸烯丙酯水乳剂（4.5～7.5g/m^2）稀释 300～500 倍液，用喷壶将基质均匀喷湿，用厚度 0.03 mm 以上塑料薄膜覆盖 2～4d 进行消毒，后将基质摊开、上下翻动搅拌并敞气 7d 以上备用；如果选用土壤专用处理药剂应按照使用说明书进行操作。

（3）穴盘消毒

基质装盘前应对穴盘进行消毒，常见的消毒方法如下，生产者可选择其一：

①福尔马林浸泡：将穴盘在福尔马林 100 倍液中浸泡 10min 后取出，叠置，覆盖洁净塑料薄膜密闭 7d，清水冲淋，晾晒备用。

②次氯酸钠浸泡：将穴盘在 2％的次氯酸钠溶液中浸泡 2h 后取出，清水冲淋，晾晒备用。

③高温热水消毒：将穴盘用 80℃的热水浸泡 20min 后取出，清水冲淋，晾晒备用。

④高锰酸钾消毒：将穴盘在高锰酸钾 1 000 倍液中浸泡 10min 后取出，清水冲淋，晾晒备用。

4.2.8 播种

采用人工或机械的方式将种子点播至穴盘的每个种穴。播种前将装好基质的穴盘或营养钵浇透水，水渗后播种，播种后覆盖 0.5～1cm 蛭石或珍珠岩覆盖。经过催芽处理的种子，70％的种子露芽时即可播种，需采用人工进行点播。

4.2.9 播后管理

为了便于管理，将幼苗发育过程划分为 5 个阶段：第 1 阶段为出苗期，第 2 阶段为子叶展平期，第 3 阶段为第 1 真叶生长期，第 4 阶段为成苗期，第 5 阶段为炼苗期。各时期管理策略如下：

（1）温度管理

冬春季节育苗宜采用多层覆盖、电加热系统、热水加热系统等保温加温措施维持幼苗正常发育所需温度。夏季育苗宜采用遮阳网覆盖、湿帘风机等降温措施维持幼苗正常发育所需温度。苗期适宜的温度如表 4-1：

表 4－1　番茄苗期温度管理指标

时期	昼间（℃）	夜间（℃）
出苗期	25～30	15～18
子叶展平期	20～23	12～15
第 1 真叶生长期	22～25	14～17
成苗期	25～28	16～19
炼苗期	15～18	11～14

（2）光照管理

冬春季节育苗保持充足的光照，可采用清洁透明的覆盖材料、悬挂反光幕、安装补光灯等措施增加光照度和光照时间。夏秋季节在中午高温强光时段应采用遮阳网覆盖降低光照度。

（3）水肥管理

播种时浇足底水，种子拱土后保持基质（土壤）湿度 $70\%\sim80\%$ 至子叶展平。此后若苗坨或基质发干且苗表现缺水时进行喷水。从第一片真叶展开后每隔 $3\sim5d$ 结合浇水淋施大量元素水溶肥（$N-P_2O_5-K_2O=20-20-20$）（表 4－2）。

表 4－2　苗期管理事宜水肥指标

时期	基质相对含水量（%）	施肥浓度 N（mg/kg）	施肥频度（次/周）	施肥量（L/盘）
子叶展平期	50～60	50～75	1～2	0.5～1
第 1 真叶生长期	50～60	75～100	1～2	0.5～1
成苗期	50～80	150～200	2～3	0.5～1
炼苗期	45～55	200～250	2～3	0.5～1

CHAPTER 5
栽 培 管 理

5.1 生产计划

在番茄的生产过程中，制定合理的生产计划对获得高效益是至关重要的。制定生产计划既要考虑到市场价格的变化情况，又要结合种植区域的气候特点。

目前北京市番茄生产已经实现了周年供应。图 5-1 为 2011—2013 年番茄市场价格的变化情况，如图所示，每年的 1 月上旬至 6 月上旬番茄价格处于高

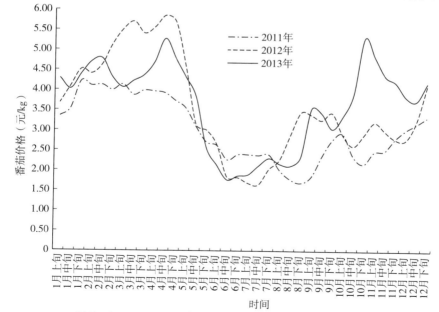

图 5-1　2011—2013 年北京批发市场番茄价格变化情况

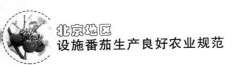

位，因此日光温室冬春茬番茄播种期选择在 8 月下旬至 9 月上旬、10 月下旬定植，就可以满足采收期处于高价位区间。依总体情况来看，塑料大棚番茄的种植效益低于日光温室番茄。

根据北京市全年的气候条件，日光温室和塑料大棚主要茬口的生产安排如表 5 - 1，生产者可根据实际情况制定相应的生产计划。

表 5 - 1　北京地区日光温室番茄主要生产茬口

栽培茬口	播种期	定植期	始收期	拉秧期
日光温室秋冬茬	7 月中旬至 8 月上旬	8 月上旬至 9 月上旬	11 月	12 月下旬至翌年 1 月
日光温室冬春茬	8 月下旬至 9 月中旬	9 月下旬至 11 月上旬	12 月至翌年 1 月	6 月至 7 月
日光温室早春茬	12 月上旬至 12 月中旬	2 月中旬	4 月下旬	6 月下旬至 7 月上旬
塑料大棚春提早	2 月上旬至 2 月中旬	3 月下旬至 4 月上旬	5 月下旬	7 月上旬
塑料大棚秋延后	6 月中旬至 6 月下旬	7 月中旬至 7 月下旬	9 月中旬至 9 月下旬	10 月下旬至 11 月上旬

5.2　种植密度

栽植密度因品种的特性、整枝方式、气候与土壤条件及栽培的目的而异。早熟的品种比晚熟的品种栽培密度大，株型紧凑、分枝力弱的品种比植株开展度大的品种栽培密度大，光照条件相对较好的春夏季节其栽培密度比秋冬季节大，以获得产量为目的的生产栽培密度比以获得高品质产品为目的的栽培密度大。

在北京地区设施番茄栽培中，日光温室早春茬和春大棚栽培密度为 3 000～3 200 株/m²，秋大棚和日光温室秋冬茬及冬春茬栽培密度为 2 800～3 000 株/m²，种植者可根据不同的品种特性在此范围内调整，高品质番茄栽培密度可在此基础上适当降低到 2 000～3 000 株/m²。无土栽培日光温室秋冬茬及秋大棚栽培密度为 2 500～2 800 株/亩。日光温室早春茬及春大棚栽培密度为 2 800～3 000 株/亩。

5.3　定植

5.3.1　定植前准备

（1）棚室覆膜

定植前应提前扣好棚膜，特别是在早春生产中，为了提高地温，棚膜应在定植前 20d 扣好。温室生产选择聚氯乙烯无滴长寿膜、PO 膜为宜，塑料大棚用膜以聚乙烯无滴长寿膜、EVA 农膜为主。

（2）整地施肥

番茄的根系异常发达，最深可达 1m，大部分的根系都分布在 10～40cm 的土层中，因此，要保证栽培土壤疏松，在施入充足有机肥的前提下，要深翻土壤，最好达到 30cm 以上的深度，以利于根系的生长。施用肥料采用配方施肥技术，施肥时将 2/3 的有机肥撒施，剩余的 1/3 作畦时沟施，具体施肥量如下：

①高肥力地块：每亩腐熟农家肥（优先选择牛粪、羊粪类有机肥）3～4m³ 或每亩施用商品有机肥料 1.5～2t，不施化肥。

②中低肥力地块：除有机肥外，每亩增施配方复合肥料（N－P_2O_5－K_2O＝18－9－18）10～20kg。

土壤退化的棚室宜进行秸秆还田或施用高碳氮比的有机肥，如秸秆类、牛粪、羊粪等，少施鸡粪、猪粪类肥料，降低养分富集。

若为无土栽培，定植前应将温室土地进行平整，覆盖白色无纺布，采用 U 形 PP 槽或简易槽式（规格为深×上宽×下宽＝30 cm×40 cm×30 cm）椰糠基质栽培，南北畦向，坡度 3‰，畦间距 1.6 m。可选用粗细体积比为 3：7 的椰糠基质或 2：1：1 草炭、蛭石、珍珠岩混合基质，定植前一周用清水进行泡发，以手抓捏实无滴水为准，灌装到栽培槽，灌装深度 25 cm。

（3）作畦并安装滴灌

番茄生产应做台式小高畦，畦高 15～20cm、畦面宽 50cm、沟宽 80～90cm。畦间距 130～140cm。做好畦后铺设滴灌管（带）或微喷带，一般选择滴头流量 2L/h 的滴灌管（带），每行对应一条，微喷带每垄铺设 1 条。

无土栽培建议给水主管道外径 50 mm，承压 0.8 MPa，排水主管道外径 75 mm，每个栽培槽铺 2 条滴灌带，滴灌带外径 16 mm，壁厚 0.38 mm，间距 20 cm，流量 1.05 L/h，带压力补偿。

（4）覆盖地膜

日光温室冬春茬生产中，缓苗期结束后覆盖地膜；早春茬生产中，定植前 7～10d 覆盖地膜；塑料大棚秋延后和日光温室秋冬茬生产中，在低温来临前采用对接法覆盖地膜。优先采用可降解地膜或厚地膜，低温季节栽培选用无色透明地膜、其他季节可选用黑色地膜或银灰色地膜。地膜厚度应为 0.012～0.014mm。

5.3.2　定植时期

生产计划中表 5－1 给出了各茬口定植的大致时间，生产者需根据日历苗

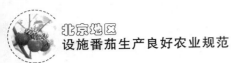

龄和棚室内环境条件确定具体定植时期。冬春季节育苗，日历苗龄为 50～55d，夏季育苗日历苗龄为 25～30d。低温季节定植要求棚室内最低气温稳定在 5℃以上、10cm 地温稳定在 12℃以上。早春季节选择在晴天的上午定植，夏秋季节选择在下午定植。

5.3.3 定植技术

定植时先用小铲在地膜上挖定植穴，再将幼苗带坨放入定植穴并覆土，注意定植穴不宜过深，覆土的高度应与苗坨上表面平齐，或苗坨平面略高于覆土高度，不可将苗坨完全埋入土中，特别是定植嫁接苗时，覆土不可碰到伤口。定植行距为 30～35cm。定植后浇 10～12m³ 定植水。

5.4 定植后管理

5.4.1 温度管理

温度管理因不同的生产茬口和生长阶段而异。缓苗阶段需提高棚室内温度，蹲苗阶段应适当降低棚室内温度，进入开花坐果阶段以后，应尽量为植株生长提供适宜的环境温度，特别是在冬季生产时要尽量提高白天的温度，以确保植株获得足够的积温。具体温度管理详见表 5-2 和表 5-3。

表 5-2 日光温室冬春茬温度管理指标

时期	缓苗期	蹲苗期	冬前期	严冬期	冬后期
昼温（℃）	28～35	25～28	25～30	25～32	25～30
夜温（℃）	18～20	15～18	前半夜 15～20、后半夜 10～15		
地温（℃）	20～25				

表 5-3 其他设施茬口温度管理指标

时期	缓苗期	开花坐果期	结果期
昼温（℃）	28～35	25～32	28～30
夜温（℃）	18～20	15～20	13～18
地温（℃）	20～25		

设施内气温的调节是温度管理的关键，需通过棉被的卷放（日光温室）及合理的通风口管理来实现。如：定植后缓苗期尽量提高温度，白天可超过 32℃时再放风，最高不超过 35℃，待温度下降到 28℃时再关闭风口。日光温

室秋冬茬及冬春茬生产时，前期外界气温较高，不需要覆盖棉被。当进入 10 月下旬后，天气逐渐转凉，但仍属于降温早期，棉被应"早揭晚盖"，棉被 7:30～8:00 揭开，16:30～17:00 放下。进入寒冬季节时，外界气温较低，为保证棚室内适宜的气温，棉被揭开时间逐渐后推，覆盖时间逐渐前移，即"早盖晚揭"。

5.4.2　光照管理

　　番茄属于喜光作物，设施生产中应尽量提高光照度和光照时间。冬季生产中，生长期间处于光照较弱的季节，应采取适当的措施，如：选用透光性好的 PO 膜或防老化流滴膜、经常清洗棚膜保持膜面清洁、在温度条件允许的情况下棉被适当"早揭晚盖"等。夏季生产时，为了防止棚内温度过高，晴天上午 10:00～下午 4:00 需覆盖 65％遮光率的遮阳网。

5.4.3　植株管理

　　（1）整枝打杈

　　北京地区番茄生产以单干整枝为主，即每株只留一个主干，其余侧枝全部去掉，有利于通风透光和果实着色。

　　定植后第一侧枝长至 7.5～8.0cm 长时打去，防止打得过早而影响根系生长，其余侧枝应及时摘除以防消耗养分。打杈时尽量从茎基部去掉，并避免将茎的表皮撕破而造成伤口。注意：打杈时手尽量避免接触植株的其他部位，以免造成病害传播。

　　（2）吊蔓

　　采用塑料绳吊蔓的方式固定植株，吊绳应两行分别固定在上方铁丝架上。每隔 3～5d 顺时针方向绕蔓一次，注意将花序转向走道的方向，以便以后进行花果管理。

　　（3）打叶

　　正常的番茄叶片寿命一般为 50～55d，超过这一时期后，叶片消耗的营养物质大于积累的营养物质，应当及时去掉。去掉老叶有利于加强通风透光，增强光合作用，减少养分的消耗，减轻病害的发生。当第一穗果达到绿熟期，果实的重量不再增加，可把第一穗果实下部的老叶全部去掉，当第二穗果达到绿熟期，再把第二穗果实下部的老叶全部去掉，以此类推。

　　（4）摘心

　　由于不同季节和不同茬口留果穗数不同，因此摘心的时机需根据生产计划确定。当果穗数达到预期数目时，如春大棚番茄果穗数达 4～5 穗时，在该果穗上方留 2～3 片功能叶后将生长点去除。注意：果穗上方不可不留叶片或仅

留 1 片叶，因为根据就近运输原则，果穗上方的叶片将为其提供养分，若留叶数量不足，该穗果实将与下方果实争夺养分，对果实产量和品质造成一定影响。

（5）落秧换头

在番茄长季节栽培中，需要通过不断落秧为其创造生长的空间，一般的生长空间仅能生长 5～6 穗果。落秧应在前期果实成熟并且采摘后进行，先将下部叶片打掉并解开吊绳，将生长点顺栽培畦下落并进行横向移动，移动至适宜位置和高度时重新拴好吊绳，同畦其余植株的生长点均按此方法逐一按顺时针方向下落移动完成整畦的落秧工作。下部茎秆可以直接盘绕于地面或盘绕于支架上。

部分品种结果 5～6 穗后，生长点长势出现衰弱，此时，需采用换头技术。当主干第 5 花序或第 6 花序开花后留 2～3 片叶摘心，保留 5 穗或 6 穗果生长。待第 5 穗果实膨大后，在出现的侧枝中保留一健壮侧枝作为主干，代替原有主干结果，形成新的生长高峰。根据结果情况，还可以再次进行换头。

5.4.4 果实管理

（1）辅助授粉

番茄属于自花授粉作物，环境适宜时可自行授粉结实。能否正常授粉与环境温湿度密切相关。适宜授粉温度分别为白天 19～26℃、夜间 14～18℃。保护地内空气湿度较大，花药不易开裂，加之有时气温偏低，导致自花授粉、受精能力差，容易发生落花落果，因此需要采取一些措施来促进坐果，具体方法有：

①物理方法：应用番茄振荡授粉器或竹竿敲打的方法，通过在植株花序柄处的机械振荡，迫使花粉从花药中散出，落到柱头上完成受精作用。注意，在花粉发育正常的前提下才可使用本方法，主要应用茬口为春大棚。冬季和夏季生产时，由于温度不适宜，花粉发育不良，需采用化学方法促进坐果。

②化学方法：采用生长素类似物进行喷花处理，可有效促进果实坐果和膨大。应选择市场上符合农产品质量安全的产品进行处理。喷花操作的时间在上午 8—10 时和下午 2—4 时，植株上需没有水滴才可进行。花的萼片分开时是喷花最好的时期，一般一穗花喷花一次，当一穗花上有 3～4 朵花已经开放时为喷花最佳时机。喷花前根据说明书精准配制药液，不可随意增加浓度，气温较高时喷花，药液浓度应适当降低。将药剂用小喷壶喷到花朵上或用毛笔涂在花柄上。喷花处理时还应注意，避免将药液喷到植株的生长点上，以免造成药害。

③生物方法：近年来，熊蜂授粉技术被广泛地应用于生产中，通过生物作

用迫使花粉落到柱头上完成受精作用。在番茄开花前 1～2d，傍晚将熊蜂放入设施内，每亩放置一箱（60 只工蜂），第二天清晨打开巢门，熊蜂即开始出巢工作。蜂箱要放置在畦间的支架上，支架高度 30cm 左右；在炎热的季节，应增加遮挡，避免阳光直射。在蜂箱前面约 1m 的地方放一个碟子，里面放 50% 的糖水少许，每隔两天更换 1 次；同时，在碟子内放置一些草秆或小树枝，供熊蜂取食时攀附。一箱熊蜂的授粉寿命为 45d 左右，应根据生产需要及时更换蜂群。注意：与振荡授粉相同，冬季和夏季生产时，由于温度不适宜，花粉发育不良，需采用化学方法促进坐果。

（2）疏花疏果

番茄每穗花序有 6～10 朵不等，由于坐果时间有差异，因此需人为进行调整，以免出现大小果现象。开花时，每穗选留 6～7 朵壮花，其余疏掉。坐果后，如坐果偏多时，去掉第一个果和末尾小果及畸形果，疏果要早，选留 4～5 个大小相对一致的健康果实。光照强的位置和壮秧可多留果，反之少留果。

（3）适时采收

番茄果实要达到生理成熟方可食用。成熟大体可分为四个阶段，根据产品销售要求决定适宜的采收期。

①绿熟期：果实大小定型，果皮出现光泽，果实叶绿素渐少，色变浅，也称白熟期。此称种子周围的胶状物已形成，即将转色。如果为了长途运输，此时可以采收。绿熟期果实质地硬，运输途中破损少，但是这种果实变红后含糖量低，风味差，品质不及在植株上转色的果实。

②转色期：果实顶部变色（红色、粉红色、黄色等），着色部分达 1/3 左右，此时采收可运输到附近城市销售；经 2～3d 后果实全部转色，此时采收果实品质较好，也可适当运输。

③成熟期：果实由部分着色到除果肩外全部着色，但果实尚未软化，呈现品种应有的色泽，此时采收果实含糖量、风味均可达到品种应有水平，整体品质好，营养价值高，生食最佳。此时采收的果实，适合就地销售或近距离销售。

④完熟期：果实全部着色，果变软，商品性下降。在保护地进行的鲜食栽培不能等到这个阶段才收获。

CHAPTER 6

灌溉和施肥

6.1 灌溉水的来源

种植番茄需要足够的灌溉水源保障，包括河流水、湖泊水、水库水、池塘水、井水和泉水等都可以作为灌溉的水源。北京种植番茄灌溉水源以地下水（井水）为主，部分园区通过修建集雨设施对雨水进行收集存储，作为灌溉的补充水源。

土壤栽培对水质的要求不严格，但基质栽培就有所不同。北京地区番茄生产灌溉水源多来自地下水及地表水，相比雨水，北京地区地下水、地表水富含多种矿物质等，如 Mg、Ca（导致水质硬度过高），HCO_3^-（导致 pH 升高），Mn、B（存在中毒风险）等。番茄基质栽培中，在使用前一般需要过滤和消毒。采用营养液回收利用的灌溉方式，一般要求水源要达到 1 级，水源要求（表 6-1）。

表 6-1　水质分级

分级	EC 值 (mS/cm)	Cl^- (mmol/L)	Na^+ (mmol/L)	HCO_3^- (mmol/L)	Fe (μmol/L)	Mn (μmol/L)	Zn (μmol/L)	B (μmol/L)
Ⅰ级	<0.5	<1.5	<1.5	<4.0	<5.0	<8.0	<8.0	<30.0
Ⅱ级	0.5~1.0	1.5~3.0	1.5~3.0	4.0~6.0	5.0~10.0	8.0~15.0	8.0~10.0	30.0~70.0
Ⅲ级	>1.0	>3.0	>3.0	>6.0	>10.0	>15.0	>10.0	>70.0

6.2 灌溉策略

设施番茄的灌溉应遵循"少量多次"原则，依据其生长发育需水规律进行灌溉，同时要"看天、看地、看作物"进行合理灌溉，提高灌溉水的利用效率。

6.2.1 土壤栽培灌溉策略

（1）依据番茄生长进行灌溉（包括作物生育时期、生理反应等情况）

依据番茄生育时期：一般幼苗期生长较快，为培育壮苗，避免徒长和病害发生，应适当控制水分，土壤相对含水量在60%～70%为宜。第一花序坐果前，土壤水分过多易引起植株徒长，造成落花落果。第一花序坐果后，果实和枝叶同时迅速生长，至盛果期都需要较多的水分，应经常灌溉，以保证水分供应。在整个结果期，水分应均衡供应，始终保持土壤相对含水量60%～80%，如果水分过多会阻碍根系的呼吸及其他代谢活动，严重时会烂根死秧，如果土壤水分不足则果实膨大慢，产量低。在此期间，还应避免土壤忽干忽湿，特别是土壤干旱后又遇大水，容易发生大量落果或裂果，也易引起脐腐病。

依据作物生理反应：叶色发暗，清晨叶缘无"吐水"现象，中午略呈萎蔫，则表现缺水，需立即灌水；如果叶色淡，中午毫不萎蔫，茎节拔节，说明水分过多，不宜灌溉。

（2）依据气象条件进行灌溉（包括气象、小气候、环境变化等）

秋、冬、春三个季节，气温变化不同，浇水量也应当有所差别。至于灌溉时间，以上午为好。如果下午灌溉，易使室内湿度过高，影响番茄生长，甚至引起病害。

晚秋、寒冷的冬季及早春，外界光照弱，设施内温度低，番茄生长缓慢，蒸腾蒸发量较小，应少灌或不灌水，如需灌溉，灌水量要少，且时间尽量选择在晴天上午或中午，以免造成土温大幅度下降，室内空气湿度加大，从而引起寒害。3月以后，随着光照增强、温度逐渐上升、番茄生长加快，蒸腾蒸发量增大，灌水量应逐渐增大，同时，缩小灌溉间隔期。炎热夏季多雨季节，防雨降温，要勤浇且单次少量灌溉；若高温干旱，适当增加灌水量和次数，以降低地温，促进番茄生长。9月以后，外界温度逐渐下降，光照减弱，作物生长变慢，要根据作物生长情况，减少单次灌溉量，延长灌溉间隔期。

（3）依据土壤状况进行灌溉（包括土壤质地、墒情等）

依据土壤质地：沙壤土保水能力弱，要减少单次灌溉量，宜小水勤浇，防止灌溉水深层渗漏造成无效消耗；黏土保水能力强，可以适当增加单次灌溉

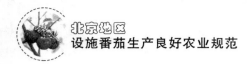

量，减少灌溉次数。

依据土壤墒情：在生产中可以取 10cm 深的土，手抓成团，齐腰放下，落地散开，说明土壤含水量适宜；如土壤抓不成团，说明土壤含水量过低，需要进行灌溉；如果手抓土壤出水，落地不散，说明土壤含水量过多。也可以借助土壤水分探测仪等工具指导灌溉。

（4）设施番茄灌溉制度

设施番茄采用滴灌技术，具体灌溉制度见表 6-2。

表 6-2　设施番茄土壤栽培灌溉制度

茬口	生育时期	定植	苗期	开花坐果期	结果期
春茬	灌水次数（次）	1	0～2	0～2	8～11
	灌水量［m³/（亩·次）］	20～25	6～10	6～10	8～12
秋茬	灌水次数（次）	1	0～2	0～1	5～8
	灌水量［m³/（亩·次）］	20～25	8～12	6～8	6～7

6.2.2　基质栽培灌溉策略

根据植株长势、天气，对营养液进行动态管理。灌溉遵循原则：起始时间为日出后 2 h，晴天停止灌溉时间为日落前 2 h，阴天停止灌溉时间为日落前 5h；60% 灌溉量集中在每天的 11:00～15:00。苗期 EC 值 1.5～2.0 mS/cm，缓苗后，每天灌溉 1～2 次，灌溉总量为 100～200mL/株；开花坐果期 EC 值 2.5～2.8mS/cm，每天灌溉 3～4 次，灌溉总量为 600～800mL/株；成株期 EC 值 3.0～3.5mS/cm，每天灌溉 4～5 次，灌溉总量为 800～1 000mL/株。根据不同基质持水性能和果实品质要求动态调整，一般回液量保持在 10%～20%，pH 控制在 5.8～6.5。

6.3　肥料的种类

6.3.1　有机肥

有机肥是农业生产中的重要肥源，其养分全面，肥效均衡持久，既能改善土壤结构、培肥改土，促进土壤养分的释放，又能供应、改善作物营养，具有化学肥料不可替代的优越性，对发展有机农业、绿色农业有重要意义。

（1）畜禽粪、秸秆类等有机肥料

北京地区番茄生产常用的有机肥种类有鸡粪、猪粪、牛粪、羊粪、沼渣沼液等，其主要成分及特性见表 6-3。

表 6-3　常见有机肥类型及主要成分、特性

有机肥	主要成分及特性
鸡粪	养分含量高，有机物含量 25%、氮 1.63%、五氧化二磷 1.5%、氧化钾 0.85%，含氮磷较多，养分比较均衡，易腐熟，属于热性肥料，可作基肥、追肥，用作苗床肥料较好。鸡粪中含有一定量的钙，但镁较缺乏，应注意和其他肥料配合施用
猪粪	有机物含量 25%、氮 0.45%、五氧化二磷 0.2%、氧化钾 0.6%，含有较多的有机物和氮磷钾，氮磷钾比例在 2∶1∶3 左右，质地较细，碳氮比小，容易腐熟，肥效相对较快，是一种比较均衡的优质完全肥料，多作基肥秋施或早春施
牛粪	有机物含量 20%、氮 0.34%～0.80%、五氧化二磷 0.16%、氧化钾 0.4%，质地细密，但含水量高，养分含量略低，腐熟慢，属于冷性肥料，肥效较慢，堆积时间长，最好和热性肥料混堆，堆积过程中注意翻倒。可作为晚春、夏季、早秋基肥施用
羊粪	有机物含量 32%、氮 0.83%、五氧化二磷 0.23%、氧化钾 0.67%，质地细，水分少，肥分浓厚，发热特性比马厩肥略次，是迟、速兼备的优质肥料。羊粪适用性广，可作为基肥或追肥，适宜用于甜瓜等作物穴施追肥
秸秆堆肥	有机物含量 15%～25%、氮 0.4%～0.5%、五氧化二磷 0.18%～0.26%、氧化钾 0.45%～0.70%，碳氮比高，属于热性肥料，分解较慢，但肥效持久，长期施用可以起到改土的作用，多用作基肥
沼渣与沼液	沼渣与沼液是秸秆与粪尿在密闭厌氧条件下发酵后沤制而成的，含有丰富的有机质、氮、磷、钾等营养成分及氨基酸、维生素、酶、微量元素等生命活性物质，是一种优质、高效、安全的有机肥料。沼渣质地细，安全性好，养分齐全，肥效持久，可作为基肥、追肥；沼液是一种液体速效有机肥料，可叶面喷施、浸种或作为追肥与高效速溶化肥配合施用

（2）商品有机肥料

有机肥料的外观颜色为褐色或灰褐色，粒状或粉状，均匀，无恶臭，无杂质。商品有机肥料的技术指标应符合表 6-4 条件。

表 6-4　商品有机肥料技术指标

项　　目	指标
有机质的质量分数（以烘干基计）（%）	≥45
总养分（氮＋五氧化二磷＋氧化钾）的质量分数（以烘干基计）（%）	≥5.0
水分（鲜样）的质量分数（%）	≤30
酸碱度（pH）	5.5～8.5
总砷（As）（以烘干基计）（mg/kg）	≤15

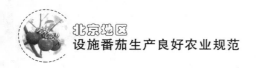
（续）

项　　目	指标
总汞（Hg）（以烘干基计）（mg/kg）	≤2
总铅（Pb）（以烘干基计）（mg/kg）	≤50
总镉（Cd）（以烘干基计）（mg/kg）	≤3
总铬（Cr）（以烘干基计）（mg/kg）	≤150
蛔虫卵死亡率（%）	95
粪大肠杆菌群数（个/g）	100

（3）北京地区番茄生产有机肥应用现状

北京地区规模园区施用商品有机肥较多，但大多数农户施用有机肥以粪肥为主，少部分农户施用沼渣沼液、饼肥等。无论规模园区还是农户施用有机肥基本依靠经验，投入量远超出作物需求量，过量施用现象比较突出，尤其是农户，大多采用直接堆沤发酵的鸡粪、猪粪、牛粪等粪肥，使用堆肥或商品有机肥的较少。盲目过量施用有机肥会影响土壤的理化性状，长期大量施用有机肥会引起土壤盐分和磷钾养分的累积，易发生土壤盐渍化、酸化、养分失衡，严重影响作物生长。灌溉条件不好的园区多余的养分还会随浇水污染地下水，大量施肥还可能导致硝酸盐在蔬菜体内累积，影响食用者的身体健康。因此，有机肥用量不是越多越好，一定要合理。

（4）北京地区番茄生产有机肥施用方法

不同作物生长的需肥规律、需肥量都不同，因此在番茄生产过程中要针对番茄生长需求施用相应的有机肥来满足其需要。一般番茄生长的有机肥推荐量是每亩4.0～5.0t，这个推荐量是按照上一次施用后的最大增产效应推荐的，没有考虑到环境压力，同时应注意由于累积效益，多年后这个推荐量应下调，如果超过推荐阈值会带来生长抑制。不同土壤类型其土壤物理、化学和生物状况不同，致使有机肥施入后的作用、在土壤中的养分转化性能和土壤保肥性能不同，因此，根据番茄生长的土壤类型及该菜田的种植年限，有机肥推荐种类和数量各不相同（表6-5）。

表6-5　不同土壤类型及种植年限有机肥推荐施用种类及施用量

		推荐量（t/亩）			
		新菜田；过沙、过黏、盐渍化严重的菜田	2～3年新菜田	大于5年老菜田	
有机肥选择		高C/N的粗杂有机肥	粪肥、堆肥	堆肥	粪肥＋秸秆
菜田情况	设施	5～7	4～5	2～4	2+2
	露地	3～4	2～3	1～2	1+2

有机肥中超过 50％的氮素为有机氮，需经过矿化释放出无机氮才能被作物吸收利用。因此合理进行有机无机配施才是确保番茄和其他作物优质高产、生态环境友好和集约化生产条件下农业可持续发展的最佳施肥策略。即根据作物目标产量和土壤肥力状况（土壤检测结果），计算出作物所需的总养分量，再结合地块状况、培肥地力目标，推荐有机肥用量，并计算出有机肥所能提供的有效养分；然后从作物生长需要的总养分量里扣除有机肥提供的养分，不足的养分通过化肥来补充，最终确定有机、无机肥料的最佳施用量及最佳施用比例，实现耕地优质培肥和番茄生产增产、增效。

番茄生产中，有机肥一般以做基（底）肥使用为主，也可以作为早期追肥施用，采用均匀撒施翻耕、条施或沟施，要注意防止肥料集中施用发生烧苗现象，根据实际田间情况确定用量。另外，有机肥由于来源多样性，不同原料来源的有机肥其养分有效性差异明显，施用时间也不同。施用原则是缓效的有机肥适于做底肥，速效的有机肥则适合在番茄的关键需肥期进行追肥。一般施用量大、养分含量低的粗有机肥适合作为基肥施入，含大量速效养分的液体有机肥和有些腐熟好的有机肥可作为追肥施用。注意粪肥施用时要充分发酵腐熟，最好通过生物菌沤制，未完全腐熟的粪肥中含有大肠杆菌等病原微生物，施用与采收应相隔 3 个月以上。秸秆类肥料在矿化过程中易引起土壤缺氧并产生植物毒素，要求在番茄移栽前及早翻压入土。为避免盐害，番茄种植应在粪肥或堆肥施用后 3～4 周进行。尽量选择冬季施用有机肥，夏季或降雨季节避免施用大量有机肥，防止氮素淋失。

6.3.2 化肥

化肥，即化学肥料，是指用化学方法制造或开采矿石，经过加工制成的肥料，也称无机肥料。化肥与有机肥相比，养分含量高，肥效快，容易保存并保存期长，单位面积使用量少，便于运输，节约劳动力。番茄生长养分需求量大，其中无机化学元素养分供应是番茄生长养分需求的主要来源。

（1）单质肥

单质肥是指只含有氮、磷、钾三种主要养分之一，如硫酸铵只含氮素，普通过磷酸钙只含磷素，硫酸钾只含钾素。

①氮肥：只含有氮素，常用的有尿素（含氮 46％）、碳酸氢铵（碳铵，含氮 17％）、硝酸铵（硝铵，含氮 34％）、硫酸铵（硫铵、肥田粉，含氮 20.5％～21％）、氯化铵（含氮 25％）等。北京地区番茄生产主要为设施栽培，常用的单质氮肥品种主要为尿素，其他含有铵态氮肥的单质氮肥施用不当易产生氨害，近年来很少使用。

②磷肥：只含有磷素，常用的有过磷酸钙（普钙，含五氧化二磷 16％～

18%）、重过磷酸钙（重钙，含五氧化二磷40%～50%）、钙镁磷肥（含五氧化二磷16%～20%）、钢渣磷肥（含五氧化二磷15%）、磷矿粉（含五氧化二磷10%～35%）等。北京地区常见的单质磷肥品种主要为普通过磷酸钙。目前京郊设施番茄土壤有效磷含量普遍较高，因此番茄生长过程中不建议底肥补充磷肥，建议在追肥阶段适当补充磷肥。因此，新菜田建议施用普通过磷酸钙，老菜田在追肥阶段追施一些低磷水溶性肥料。

③钾肥：只含有钾素，常用品种有硫酸钾（含氧化钾48%～52%）、氯化钾（含氧化钾50%～56%）等。硫酸钾是番茄常用的钾肥品种，番茄属于对氯中等敏感作物，应少施氯化钾等含氯肥料，但近年来北京地区发展高品质番茄，适当施用含氯肥料，对提高番茄糖度和口感有积极作用。

（2）复合肥

复合肥是指氮、磷、钾三种养分中至少有两种养分，仅由化学方法制成的肥料，是具有固定的分子式结构的化合物，具有固定的养分含量和比例。常见的复合肥料种类主要包括磷酸二铵、磷酸一铵、磷酸二氢钾、硝酸钾等。复合肥料的各项技术指标见表6-6。

表6-6　复合肥料的指标要求

项　　　　目			指标		
			高浓度	中浓度	低浓度
总养分（N+P_2O_5+K_2O）的质量分数[1]（%）		≥	40.0	30.0	25.0
水溶性磷占有效磷百分率[2]（%）		≥	60	50	40
水分（H_2O）的质量分数[3]（%）		≤	2.0	2.5	5.0
粒度（1.00～4.75mm或3.35～5.60mn)[4]（%）		≥	90	90	80
氯离子的质量分数[5]（%）	未标"含氯"的产品	≤	3.0		
	标识"含氯（低氯）"的产品	≤	15.0		
	标识"含氯（中氯）"的产品	≤	30.0		

注：①组成产品的单一养分含量不应小于4.0%，且单一养分测定值与标明值负偏差的绝对值不应大于1.5%。

②以钙镁磷肥等枸溶性磷肥为基础磷肥并在包装容器上注明为"枸溶性磷"时，"水溶性磷占有效磷百分率"项目不做检验和判定。若为氮、钾二元肥料，"水溶性磷占有效磷百分率"项目不做检验和判定。

③水分为出厂检验项目。

④特殊性状或更大颗粒（粉状除外）产品的粒度可由供需双方协议确定。

⑤氯离子的质量分数大于30.0%的产品，应在包装袋上标明"含氯（高氯）"，标识"含氯（高氯）"的产品氯离子的质量分数可不做检验和判定。

（3）水溶肥

水溶肥是指经水溶解或稀释，用于灌溉施肥、叶面施肥、无土栽培、浸种蘸根等用途的液体或固体肥料。从养分含量角度分为大量元素水溶肥料、中量元素水溶肥料、微量元素水溶肥料、含氨基酸水溶肥料、含腐殖酸水溶肥料、有机水溶肥料等。水溶肥料作为一种速效肥料，它的营养元素比较全面，且根据不同作物、不同时期的需肥特点，相应的肥料有不同的配方。

a. 大量元素水溶肥料

大量元素水溶肥料固体和液体产品技术指标应符合表 6-7 的要求，同时应符合包装标识的标明值。

表 6-7　大量元素水溶肥料的要求

项　　目		固体产品	液体产品
大量元素含量①		≥50.0%	≥400g/L
水不溶物含量		≤1.0%	≤10g/L
水分（H_2O）含量		≤3.0%	—
缩二脲含量		≤0.9%	
氯离子含量②	未标"含氯"的产品	≤3.0%	≤30g/L
	标识"含氯（低氯）"的产品	≤15.0%	≤150g/L
	标识"含氯（中氯）"的产品	≤30.0%	≤300g/L

注：①大量元素含量指 N、P_2O_5、K_2O 含量之和。产品应至少包含其中两种大量元素。单一大量元素含量不低于 4.0% 或 40g/L。各单一大量元素测定值与标明值负偏差的绝对值应不大于 1.5% 或 15g/L。

②氯离子含量大于 30.0% 或 300g/L 的产品，应在包装袋上标明"含氯（高氯）"，标识"含氯（高氯）"的产品，氯离子含量可不做检验和判定。

大量元素水溶肥料产品中若添加中量元素养分，须在包装标识上注明产品中所含单一中量元素含量、中量元素总含量。中量元素含量指钙、镁元素含量之和，产品应至少包含其中一种中量元素。单一中量元素含量不低于 0.1% 或 1g/L，单一中量元素含量低于 0.1% 或 1g/L 时，不计入中量元素含量总含量。当单一中量元素标明值不大于 2.0% 或 20g/L 时，各元素测定值与标明值正负相对偏差的绝对值应不大于 40%；当单一中量元素标明值大于 2.0% 或 20g/L 时，各元素测定值与标明值正负偏差的绝对值应不大于 1.0% 或 10g/L。

大量元素水溶肥料产品中若添加微量元素养分，须在包装标识上注明产品中所含单一微量元素含量、微量元素总含量。微量元素含量指铜、铁、锰、锌、硼、钼元素含量之和，产品应至少包含其中一种微量元素。单一微量元素含量不低于 0.05% 或 0.5g/L，钼元素含量不高于 0.5% 或 5g/L。单一微量元素含量低于 0.05％或 0.5g/L 时，不计入微量元素含量总含量。当单一微量元素标明值不大于 2.0％或 20g/L 时，各元素测定值与其标明值正负相对偏差的绝对值应不大于 40％；当单一微量元素标明值大于 2.0％或 20g/L 时，各元素测定值与其标明值正负偏差的绝对值应不大于 1.0％或 10g/L。

固体大量元素水溶肥料产品若为颗粒形状，粒度（1.00～4.75mm 或 3.35～5.60mm）应≥90％；特殊性状或更大颗粒（粉状除外）产品的粒度可由供需双方协议确定。

大量元素水溶肥料中汞、砷、镉、铅、铬限量指标应符合《水溶肥料汞、砷、镉、铅、铬的限量要求》（NY 1110—2010）农业行业标准要求，具体见表 6-8。

表 6-8 水溶肥料汞、砷、镉、铅、铬元素限量要求

项　　目	指标
汞（Hg）（以元素计）（mg/kg）	≤5
砷（As）（以元素计）（mg/kg）	≤10
镉（Cd）（以元素计）（mg/kg）	≤10
铅（Pb）（以元素计）（mg/kg）	≤50
铬（Cr）（以元素计）（mg/kg）	≤50

b. 中量元素水溶肥料

中量元素水溶肥料技术指标应符合表 6-9 的要求。

表 6-9 中量元素水溶肥料技术指标

产品形态	项　　目	指标
固体产品	中量元素含量[①]（％）	≥10.0
	水不溶物含量（％）	≤5.0
	pH（1∶250 倍稀释）	3.0～9.0
	水分含量（H_2O）（％）	≤3.0
液体产品	中量元素含量[①]（g/L）	≥100
	水不溶物含量（g/L）	≤50
	pH（1∶250 倍稀释）	3.0～9.0

注：①中量元素含量指钙含量或镁含量或钙镁含量之和。固体产品含量不低于 1.0％、液体产品含量不低于 10g/L 的钙或镁元素均应计入中量元素含量中。硫含量不计入中量元素含量，仅在标识中标注。

若中量元素水溶肥料中添加微量元素成分，微量元素含量应不低于 0.1％ 或 1g/L，且不高于中量元素含量的 10％。中量元素水溶肥料中汞、砷、镉、铅、铬限量指标见表 6-8。

c. 微量元素水溶肥料

微量元素水溶肥料技术指标应符合表 6-10 的要求。

表 6-10　微量元素水溶肥料技术指标

产品形态	项　　　目	指标
固体产品	微量元素含量[①]（％）	≥10.0
	水不溶物含量（％）	≤5.0
	pH（1∶250 倍稀释）	3.0～10.0
	水分含量（H_2O）（％）	≤6.0
液体产品	微量元素含量[①]（g/L）	≥100
	水不溶物含量（g/L）	≤50
	pH（1∶250 倍稀释）	3.0～10.0

注：①微量元素含量指铜、铁、锰、锌、硼、钼元素含量之和。产品应至少包含一种微量元素。固体产品含量不低于 0.05％、液体产品含量不低于 0.5g/L 的单一微量元素应计入微量元素含量中。固体产品钼元素含量不高于 1.0％，液体产品钼元素含量不高于 10g/L（单质含钼微量元素产品除外）。

微量元素水溶肥料中汞、砷、镉、铅、铬限量指标见表 6-8。

d. 含氨基酸水溶肥料

含氨基酸水溶肥料是指以游离氨基酸为主体，按适合植物生长所需比例，添加适量钙、镁等中量元素或铜、铁、锰、锌、硼、钼等微量元素而制成的液体或固体水溶肥料。按添加中量、微量营养元素类型将含氨基酸水溶肥料分为中量元素型和微量元素型。其具体技术指标见下表 6-11、表 6-12。

表 6-11　含氨基酸水溶肥料（中量元素型）技术指标

产品形态	项　　　目	指标
固体产品	游离氨基酸含量（％）	≥10.0
	中量元素含量[①]（％）	≥3.0
	水不溶物含量（％）	≤5.0
	pH（1∶250 倍稀释）	3.0～9.0
	水分含量（H_2O）（％）	≤4.0

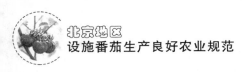
（续）

产品形态	项　目	指标
液体产品	游离氨基酸含量（g/L）	≥100
	中量元素含量① （g/L）	≥30
	水不溶物含量（g/L）	≤50
	pH（1∶250 倍稀释）	3.0～9.0

注：①中量元素含量指钙、镁元素含量之和。产品应至少包含一种中量元素。固体产品含量不低于 0.1%、液体产品含量不低于 0.5g/L 的单一中量元素均应计入中量元素含量中。

表 6-12　含氨基酸水溶肥料（微量元素型）技术指标

产品形态	项　目	指标
固体产品	游离氨基酸含量（%）	≥10.0
	微量元素含量① （%）	≥2.0
	水不溶物含量（%）	≤5.0
	pH（1∶250 倍稀释）	3.0～9.0
	水分含量（H_2O）（%）	≤4.0
液体产品	游离氨基酸含量（g/L）	≥100
	微量元素含量① （g/L）	≥20
	水不溶物含量（g/L）	≤50
	pH（1∶250 倍稀释）	3.0～9.0

注：①微量元素含量指铜、铁、锰、锌、硼、钼元素含量之和。产品应至少包含一种微量元素。固体产品含量不低于 0.05%、液体产品含量不低于 0.5g/L 的单一微量元素均应计入微量元素含量中。钼元素含量不高于 5g/L。

e. 含腐殖酸水溶肥料

含腐殖酸水溶肥料是指以适合植物生长所需比例的矿物源腐殖酸为主体，添加适量氮、磷、钾大量元素或铜、铁、锰、锌、硼、钼微量元素而制成的液体或固体水溶肥料。这里面的矿物源腐殖酸是指由动植物残体经过微生物分解、转化以及地球化学作用等系列过程形成的，从泥炭、褐煤或风化煤提取而得的，含苯核、羧基和酚羟基等无定形高分子化合物的混合物。按添加大量、微量营养元素类型将含腐殖酸水溶肥料分为大量元素型和微量元素型，其中，大量元素型产品分为固体或液体两种剂型，微量元素型产品仅为固体剂型。具体技术指标见表 6-13、表 6-14。

表 6 - 13　含腐殖酸水溶肥料（大量元素型）技术指标

产品形态	项　目	指标
固体产品	腐殖酸含量（%）	≥3.0
	大量元素含量① （%）	≥20.0
	水不溶物含量（%）	≤5.0
	pH（1∶250 倍稀释）	4.0～10.0
	水分含量（H_2O）（%）	≤5.0
液体产品	腐殖酸含量（g/L）	≥30
	大量元素含量① （g/L）	≥200
	水不溶物含量（g/L）	≤50
	pH（1∶250 倍稀释）	4.0～10.0

注：①大量元素含量指 N、P_2O_5、K_2O 含量之和。产品应至少包含两种大量元素。固体产品单一大量元素含量不低于 2.0%；液体产品单一大量元素含量不低于 20g/L。

表 6 - 14　含腐殖酸水溶肥料（微量元素型）技术指标

项　目	指标
腐殖酸含量（%）	≥3.0
微量元素含量① （%）	≥6.0
水不溶物含量（%）	≤5.0
pH（1∶250 倍稀释）	4.0～10.0
水分含量（H_2O）（%）	≤5.0

注：①微量元素含量指铜、铁、锰、锌、硼、钼元素含量之和。产品应至少包含一种微量元素。含量不低于 0.05% 的单一微量元素均应计入微量元素含量中。钼元素含量不高于 0.5%。

f. 海藻酸类水溶肥料

相关研究表明，海藻肥所含的有效成分与活性物质有 66 种以上。海藻肥能为作物供应齐全的大量营养元素、微量营养元素、多种氨基酸、多糖、维生素及细胞分裂素等多种活性物质。能帮助植物建立健壮的根系，增进其对土壤养分、水分与气体的吸收利用；可增大植物茎秆的维管束细胞，加快水、养分与光合产物的运输；能促进植物细胞分裂，延迟细胞衰老，有效地提高光合作用效率，提高产量，改善品质，延长贮藏保鲜期，增强作物抗旱、抗寒、抗病虫害等多种抗逆功能。海藻肥还能破除土壤板结、治理盐碱与沙漠戈壁等。

近几年，含海藻酸的新型肥料层出不穷。在国外，海藻酸很早就应用于农业。用作肥料的海藻一般是大型经济藻类，如巨藻、泡叶藻、海囊藻等。海藻肥中的核心物质是海藻提取物，主要原料选自天然海藻，经过特殊生化工艺处

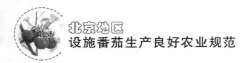
理，提取海藻中的精华物质，极大地保留了天然活性成分，含有大量的非含氮有机物、陆地植物无法比拟的钾、钙、镁、锌、碘等40余种矿物质元素和丰富的维生素。海藻肥含有海藻中所特有的海藻多糖、藻朊酸、高度不饱和脂肪酸和多种天然植物生长调节剂，具有很高的生物活性，可刺激植物体内非特异性活性因子的产生，调节内源激素平衡。

海藻生物结构简单，利于加工提取活性物质，已被广泛应用于医药、食品、农业等领域。早在几年前，我国肥料登记层面就将海藻肥定义为"含海藻酸水溶性肥"。农资市场上的海藻肥分类仍未统一，常见的几种分类：①按营养成分配比，添加植物所需要的营养元素制成液体或粉状，根据其功能，又可分为广谱型、高氮型、高钾型、防冻型、抗病型、生长调节型、中微量元素型等，适用于所有作物。②按物态分为液体型海藻肥，如液体叶面肥、冲施肥；固体型海藻肥，如粉状叶面肥、粉状冲施肥、颗粒状海藻肥。③按附加的有效成分可分为含腐殖酸的海藻肥、含氨基酸的海藻肥、含甲壳素的海藻肥、含稀土元素的海藻肥等。④海藻菌肥，直接利用海藻或海藻中活性物质提取后残渣，微生物发酵而成的产品。⑤按施用方式划分为叶面肥（用于叶面施肥喷）、冲施肥（用于浅表层根部施肥）、浸种、拌种、蘸根海藻肥（海藻肥稀释一定倍数浸泡种子或拌种浸泡过的种子阴干后可播种，幼苗移栽或扦插时用海藻肥浸渍苗、插条茎部，滴灌海藻肥用滴管施肥）。⑥海藻生物有机肥。

6.4　施肥

番茄为一年生草本植物，属于茄果类蔬菜。番茄对土壤要求不太严格，但适宜在土层深厚、排水良好、富含有机质的肥沃土壤上栽培。番茄的生育周期大致分为苗期和开花结果期。番茄生长发育不仅需要氮、磷、钾大量元素，还需要钙、镁等中量元素。番茄每生产 1 000kg 鲜果，需要氮（N）2.1～3.4kg、磷（P_2O_5）0.64～1.0kg、钾（K_2O）3.7～5.3kg、钙（CaO）2.5～4.2kg、镁（MgO）0.43～0.90kg。氮、磷、钾、钙、镁吸收比为 1：0.23：1.52：1.05：0.20，钾＞钙＞氮＞磷＞镁。番茄对养分的吸收是随生育期的推进而增加，其基本特点是幼苗期以氮素营养为主，在第一穗果开始结果时，对氮、磷、钾的吸收量迅速增加，氮在三要素中占 50％，钾只占 32％；到结果盛期和开始收获期，氮只占 36％，而钾已占 50％。

6.4.1　土壤栽培施肥策略

（1）施肥技术要点

一是合理施用有机肥。有机肥要经过充分的腐熟发酵，避免烧苗并减少病虫害在土壤中的滋生。在耕作过程中结合深翻施肥，使土、肥充分混合，减少养分在土壤表层的积聚，同时疏松土壤、减轻板结，改善土壤物理结构。有机肥勿超量使用，有条件的地方施生物有机肥 0.5t/亩。

二是依据土壤肥力条件，综合考虑环境养分供应，适当减少氮磷化肥的用量。

三是根据作物产量、茬口及土壤肥力条件合理施肥，轻底肥重追肥，追肥宜"少量多次"，根据植株长势追肥，开花期若遇到低温适当补充磷肥。

四是早春温度低，土壤养分供应慢，前期追肥要跟上，5 月以后减少氮肥追肥，增加钾肥的使用；初秋温度高，土壤有机养分供应能力强，以控为主，不要追肥。

五是适当补充中微量元素肥料。钙和镁是植物生长的必须营养元素之一，番茄吸收钙镁量较大，缺钙将导致营养失调引起的生理病害，如脐腐病。镁作为叶绿素组分与多种酶的活化剂，参与作物的光合作用，番茄生长后期常出现缺镁症状，叶片出现黄色凸起念珠状斑点，光合作用降低，番茄易出现空洞果。因此在番茄结果期应选择叶面喷施含钙镁的叶面肥，如糖醇钙或其他中微量元素肥料。

六是土壤退化的老棚需进行秸秆还田或施用高 C/N 的有机肥，如秸秆类、牛粪、羊粪等，少施鸡粪、猪粪类肥料，降低养分富集，同时做好土壤消毒，减轻连作障碍。

（2）设施栽培番茄微灌施肥方法

传统的设施番茄栽培以畦灌或沟灌为主，浪费了大量水资源，不符合京郊节水农业发展的要求，因此在京郊的设施番茄栽培上提倡采取滴灌、膜下微喷等节水灌溉方式，适宜选择的配方见表 6-15。

表 6-15　北京番茄生长微灌追肥配方

苗期-开花期配方 N-P$_2$O$_5$-K$_2$O		结果期配方 N-P$_2$O$_5$-K$_2$O		备　注
推荐配方	选用配方	推荐配方	选用配方	
20-10-20	22-8-22 等	18-5-27	18-7-26、19-5-26、19-8-27、19-6-30、20-4-27 等	可选择氮养分配比相近的氨基酸、腐殖酸、海藻酸类肥料
		16-6-32	15-7-30、18-7-35、16-8-34、15-5-35、16-6-30 等	

以上是目标产量为 5 000～5 500kg/亩的设施栽培施肥套餐配方建议，高产、低产田施肥量根据实际情况酌情增减。根据土壤测试结果，番茄的推荐施肥建议见表 6-16。

表 6-16　设施番茄微灌下的施肥建议

施肥时期	施肥措施
底肥	腐熟农家肥（优先选择牛粪、羊粪类有机肥）3～4m³/亩
	或商品有机肥 1.5～2t/亩
	一般不施底化肥［中低肥力地块施用专用肥（18-9-18）10～20kg/亩］
苗期-第一穗果开花期	追施（20-10-20）水溶肥 1 次，2～3kg/亩（根据苗情判断，若健壮也可不追施）
第一穗果膨大期-第五穗果膨大期	每穗果实开始膨大时（间隔 7～10d）追施（18-5-27）水溶肥一次，每次 5～8kg/亩；若植株长势衰弱，可每穗果采收完后追施 1 次（20-10-20）水溶肥 5～8kg/亩；全生育期可在果实膨大中期追施 2～3 次硝酸钙，每次 2～3kg/亩；根据叶色诊断酌情补充镁肥、铁肥、硼肥
第六穗果膨大期	每 7～10d 追施（18-5-27）水溶肥 1 次，每次 3～5kg/亩

6.4.2　基质栽培施肥策略

根据番茄不同生育时期回液检测结果，结合北京市地区天气情况，在经典配方的基础上进行优化和改良，大中型果番茄及樱桃番茄营养液配方见 6-17。

表 6-17　大中型果番茄及樱桃番茄营养液配方表

番茄类型	生育期	浓度（mmol/L）							浓度（μmol/L）						K/Ca
		NO₃⁻	NH₄⁺	P	K	Ca	Mg	S	Mn	Zn	B	Cu	Mo	Fe	
大中型果	苗期	12.8	0.8	1	6.1	4.6	1.8	2	6.6	3.3	30	0.7	0.3	20	1.3
	开花坐果期	20.6	1.2	1.5	9.4	7.8	2.8	2.9	10.4	5.2	45	1	0.6	37.5	1.2
	结果前期	24.1	1.3	1.8	11.7	8.9	3	3.1	10.4	5.2	45	1	0.6	37.5	1.3
	结果中期	19.1	3.4	1.8	7.9	7.1	6.9	4.6	7.4	3.7	45	1	0.6	37.5	1.1
	结果后期	21	0.6	2.2	12.5	7.8	2	2.5	14.8	7.8	45	1.4	0.6	37.5	1.6
樱桃番茄	苗期	12.8	0.8	1	6.1	4.6	1.8	2	6.6	3.3	30	0.7	0.3	20	1.3
	开花坐果期	20.6	1.2	1.5	9.4	7.6	2.8	2.9	10.4	5.2	45	1	0.6	37.5	1.2
	结果前期	24.1	1.3	1.8	12	8.9	3	3.2	10.4	5.2	45	1	0.6	37.5	1.3
	结果中期	22.4	1.2	1.7	10.7	8.2	2.9	3	10.4	5.2	45	1	0.6	37.5	1.3
	结果后期	21	0.6	2.2	12.5	7.8	2	2.5	14.8	7.8	45	1.4	0.6	37.5	1.6

CHAPTER 7
病虫害防治

设施栽培为多数种类的病虫害提供了良好的发生条件，比如为一些病原菌、害虫提供了越冬场所，使一些病虫害周年发生；设施内的高温高湿环境为一些真菌、卵菌病害提供了适宜环境，造成灰霉病、晚疫病等病害普遍发生，危害严重。近年来，大型设施栽培场所通过控制温湿度，使常见真菌、卵菌病害得到了控制，但病毒病发生显著增多，特别是通过粉虱、蓟马等小型害虫传播的病毒病已成为设施番茄的主要病害。设施番茄病虫害防治应严格遵循"预防为主，综合防控"的植保原则，通过调整"植物—病原（害虫）—环境"三角，运用绿色植保理念，实现良好规范控制病虫害的目的。

7.1　有害生物综合防治

依据病虫害发生的初始来源，病虫害全程绿色防控的重点是强调产前、产中、产后各项防治技术措施的有机结合和优化集成，做好病虫害源头控制，尽量不让病虫害发生，或发生很晚、很轻，真正实现"源头控制，预防为主，综合防控"。其核心内容包括：①产前生产环境整体清洁，无病虫育苗，棚室表面消毒，土壤消毒；②产中优化栽培管理，双网覆盖、黄板诱杀的基础上，配合生物或化学药剂综合防控；③产后及时无害化处理蔬菜上带的病虫残体。

7.1.1　产前预防

（1）田园清洁

在生产前清除菜田及周边杂草、植株残体等废弃物，带至田外集中无害化处理。

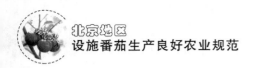
（2）棚室消毒

①高温闷棚：在夏季高温季节换茬时，土壤深翻后扣棚，利用太阳能对土壤高温消毒 7d 以上。

②棚室表面消毒：在育苗或定植前，清除棚内杂草和植株残体。每亩施用 20% 异硫氰酸烯丙酯水乳剂 1 L，每升制剂兑水 3～5 L，采用常温烟雾施药机在棚内均匀喷施，施药后密闭棚室熏蒸 12 h，杀灭棚室内的病菌和小型害虫。夏季还可使用日光高温闷棚消毒，确保棚内温度达到 46℃ 以上，闷棚 2 h 以上。

③土壤消毒：详见第三章。

7.1.2　无病虫育苗

（1）抗（耐）病品种选择

因地制宜，选择抗（耐）病、抗逆性强的优良品种。如抗番茄黄化曲叶病毒病品种，京彩 6、京番 309、浙粉 701、浙粉 702 等；抗根结线虫品种，京番 308、京番 309、仙客 1 号、仙客 2 号等。

（2）种子、基质及苗棚消毒

为保证幼苗有健康的生长环境，在播种前需对种子，育苗基质及苗棚进行消毒，方法详见第四章。

（3）防虫网覆盖

在苗棚通风口、出入口处设置 40～50 目防虫网，将风口、出入口完全覆盖。

（4）遮阳覆盖

为预防病毒病和生理性病害，在高温季节可采用遮阳网、遮阳涂料等措施。

（5）色板监测诱杀

在出苗后悬挂黄板诱杀蚜虫、粉虱、斑潜蝇等害虫，悬挂蓝板诱杀蓟马等害虫。悬挂色板高度高出蔬菜顶部叶片 5 cm；每亩挂 25 cm×30 cm 色板 30 块或 30 cm×40 cm 色板 20 块。

（6）移栽前种苗药剂预防

宜在移栽前对种苗进行处理，优先选用寡雄腐霉菌、枯草芽孢杆菌、木霉菌等微生物菌剂，或选用嘧菌酯、噻虫嗪等化学农药。

7.1.3　产中防控

（1）农业防治

宜采用果菜与叶菜、叶菜与葱蒜等作物轮作；可调整播期以避开病虫害高发时期。优先采用高垄或高畦栽培方式。生产期应及时摘除病叶、老叶、病果，清除田间病株，并带至田外集中进行无害化处理。

（2）理化诱控

①灯光诱杀：露地蔬菜宜在害虫发生前期开始使用杀虫灯，诱杀鳞翅目、鞘翅目等害虫成虫。

②性诱剂诱杀：露地蔬菜可根据害虫发生种类选择相应的性诱剂，在播种或移栽前 7 d 放置，小菜蛾诱捕器放 3～5 个/亩；甜菜夜蛾、斜纹夜蛾诱捕器放 1～3 个/亩。

③色板监测诱杀：定植后应悬挂黄板监测虫害发生动态，挂 3 块/亩。发生虫害后，挂 25 cm×30 cm 色板 30 块/亩，30 cm×40 cm 色板 20 块/亩，色板下缘应高出蔬菜顶部 10～20 cm。

（3）防虫网覆盖

设施蔬菜应根据目标害虫种类和气候因素选择防虫网。蝶类、蛾类害虫选择 20～30 目；粉虱、蚜虫、斑潜蝇等害虫选择 40～50 目。

（4）遮阳覆盖

为预防病毒病和生理性病害，在高温季节可采用遮阳网、遮阳涂料等。

（5）消毒垫（池）

在设施出入口处，应铺设浸有消毒液的消毒垫，可选用双链季铵盐类、含氯消毒剂等，定期补充。

（6）生态调控

一是加强棚室的温度、湿度和光照调控，创造适宜于作物生长的环境，提高植株抗逆性。

二是宜采用地膜、地布覆盖技术，利用滴灌、微喷和膜下暗灌等节水措施，调控空气湿度。

三是合理放风，通过采用湿帘、风机、电除雾等装置调控温度和湿度。

四是可在菜田周边种植对蔬菜害虫有驱避或者诱集作用的植物。

（7）天敌及有益昆虫利用

一是因地制宜释放天敌防治害虫。释放瓢虫防治蚜虫，释放丽蚜小蜂或者烟盲蝽防治粉虱，释放捕食螨防治叶螨，释放东亚小花蝽防治蓟马，释放昆虫病原线虫防治韭蛆、蛴螬等地下害虫。根据作物种类，选用蜜蜂、熊蜂等授粉昆虫。

二是番茄选用熊蜂授粉，每亩释放 60～80 只蜂；草莓选用蜜蜂授粉，每亩释放 7 000～8 000 只蜂。

（8）药剂防控

①病虫害防治：优先采用农业、物理、生态等措施进行防治，必要时选用

生物源、矿物源等药剂防治。

②施药器械：优先选用常温烟雾施药机、电动稳压喷雾器等精准高效的施药器械。

③施药方法：在病虫害发生初期，及时根据病虫害种类选择相应的登记药剂进行防控。禁止使用高毒、禁限用农药，推荐优先使用生物农药和高效低毒化学农药，优先选用不同作用机理的药剂交替、轮换使用；单药剂的使用不可超过农药标签所注的"每季作物最多使用次数"，以避免或者延缓抗性产生，并且要注意安全间隔期。

7.1.4 产后蔬菜残体无害化处理

（1）简易堆沤处理

拉秧后将植株残体集中堆放到向阳、平整、略高出地平面处，堆成 50～60 cm 高，覆盖 0.04mm（及以上）废旧棚膜，用胶带粘补覆严，四周压实进行高温发酵堆沤，以杀灭残体携带的病虫。根据天气决定堆沤时间，晴好高温天多，堆沤 10～20d，阴雨天多，则需适当延长，发酵后可作有机肥利用。

（2）辣根素快速处理

宜将蔬菜残体集中堆放，用厚度 0.03 mm 以上的塑料膜覆盖，按照 20 mL/m³ 的用药量注入 20％异硫氰酸烯丙酯水乳剂，密闭熏蒸 3 d 以上。

（3）其他方式处理

可利用大型堆沤处理站、沼气处理站等方式进行无害化处理。

7.2 设施番茄常见病害及防治

7.2.1 早疫病

番茄早疫病在我国发生范围广、危害重，是番茄真菌病害中危害最大的一种，导致番茄的产量和质量大幅度下降。

（1）危害症状

该病害在番茄的各个生育期均可发生，主要危害叶片、茎和果实。在叶片上引起同心轮纹状病斑，是最典型的症状，也称为叶疫；在茎部和果实均可引起腐烂。

侵染叶片症状：发病初期为针尖大小的黑点，逐渐扩展为深褐色至黑色的圆形或近圆形病斑，大多数病斑呈同心轮纹状，直径可以达 1～2 cm，病斑边缘有黄色晕圈（图 7－1）。棚室内湿度高、空气潮湿时，病斑上生出黑色霉状物。通常从下部老叶开始发病，逐渐向上发病，发病严重时导致植株下部叶片全部枯死。叶柄发病会产生椭圆形轮纹状病斑，深褐色或青色。茎部发病时多数从分枝处开始产生椭圆形或不规则状病斑，同心轮纹不清晰或没有，表面通常会生有灰黑色霉状物，发病严重时造成分枝折断。果实发病多发生在青果的蒂部及其附近，另外果实有裂缝的地方也常发病，导致果实发病部位略微凹陷，有同心轮纹，病部产生黑色霉状物，病果容易脱落（图7-2）。

图7-1 番茄早疫病典型病斑　　　　图7-2 番茄早疫病侵染果实

（2）发生规律

病原菌为番茄链格孢菌（*Alternaria solani*）。病菌主要以菌丝体和分生孢子在病残体上越冬，有的以分生孢子附着在种子表面越冬，成为翌年早疫病发病的初侵染源。病菌在翌年温湿度适宜时，通过气流和流水传播，温度适宜的条件下，可以从气孔、皮孔或表皮直接侵入，一般经过2～3d即可形成病斑；病斑上很快生出分生孢子，借助气流、流水在棚室内传播，造成多次再侵染。

（3）传播途径

在棚室等设施内分生孢子主要通过空气传播，流水也可以进行传播。

（4）防控措施

一是生态防控。调节温室内生态小气候，合理灌溉，及时通风和排水，深沟高畦栽培，番茄株行间盖地膜。

二是选用抗病品种。培育无病种苗，严禁从疫区调种；用新苗床育苗或采用营养钵育苗。

三是栽培管理。番茄移栽前进行高温闷棚，及时整枝打杈和搭番茄架，及时摘除底部老叶、病叶，及时摘除发病病果并涂抹病斑，增施基肥和磷钾肥。

四是化学防治。登记的用于防治番茄早疫病的药剂有很多种，例如嘧菌·百菌清、代森锰锌、氯氟醚·吡唑酯、噁酮·氟噻唑、碱式硫酸铜，以及互生

叶白千层提取物等。农药使用中注意适量用药，在病害发生初期用药，交替和轮换用药。

五是生物防治。植物根际促生菌（PGPR），可以促进植物生长，抑制植物病害。PGPR 菌株的抗真菌活性与早疫病菌细胞壁被破坏有关，对正常分生孢子发育有抑制作用。红树根际细菌，青棘藤根际分离到链霉菌 L75，该提取物对番茄链格孢菌生长抑制效果明显。

7.2.2　晚疫病

晚疫病属真菌性病害，在高温高湿的环境中容易发生和传播，是危害番茄的主要病害。

（1）危害症状

主要危害叶片和果实，也危害茎和叶柄，以成株期的叶片和青果受害严重，苗期到成株期均可发病。幼苗期发病，一般从叶片开始，先使叶片萎蔫，然后通过叶柄向茎部扩散；进而引起幼苗的茎部变细、腐烂，使植株折倒，潮湿时病部表面密生白色的霉层。

成株期发病，叶片被害多从叶尖或叶缘开始，病斑最初是近圆形，水浸状，后变为不定型浅绿色，后不断扩展并占据整个单叶的大部分面积，再往后病斑变为褐色，有时会出现云纹，在叶及叶柄表面往往可见到白色的霉层。在适合的条件下病斑发展快，往往看不到叶片出现水浸状斑，即在绿色部分直接长出白色的霉层。在多数情况下发病不久病斑会因失水而扩展至全叶，致使整个叶片腐烂。在茎及叶柄受害的晚期，被害部变黑（图 7 - 3）。

图 7 - 3　番茄晚疫病危害叶片和叶柄

番茄果实发病多从青果开始，一般形成表面不光滑的褐斑，初期直径近1 cm，之后迅速扩大，往往占据果面的大部。病部表面不平，局部略有凹陷，但一般果实不会变软。在潮湿条件下病部也会生白霉，发生严重的地块可引起植株成片枯死，以致毁棚（图7-4）。

图7-4 番茄晚疫病危害果实

（2）发生规律

引起番茄晚疫病的病菌是致病疫霉（*Phytophthora infestans*），在设施栽培中主要以菌丝或孢子囊越冬，病菌在病残体、土壤中越冬，成为发病的初侵染源。

番茄晚疫病是可多次再侵染的流行性病害，适宜发病的温度为18~20℃，相对湿度95%以上。病原菌可在植株上或随病残体在土壤中越冬，环境条件适宜时，病菌借气流或流水传播，在田间形成中心病株后产生大量繁殖体，再经气流、流水传播蔓延，进行多次重复侵染，引起全田病害大流行。

番茄晚疫病在地势低洼、排水能力较差、田间常积水、早晚雾多、露水大、低温连阴雨、田间密度过大、植株间距小、氮肥偏多等情况下易高发。低温、高湿利于发病，15℃以下，叶片上有水膜时，病菌以游动孢子进行侵染，等于1个孢子囊又增加了数倍，增加了病害的侵染能力。病菌在番茄体内扩展适合的温度为20~23℃；棚温白天在24℃以下、夜间在10℃以上、相对湿度为75%~100%时，更适合番茄晚疫病的流行；不同品种的番茄对晚疫病的抗性差异显著，选择抗病品种防病效果好。

（3）传播途径

番茄晚疫病通过气流进行传播，并在温湿度条件适合时进行侵染。番茄晚疫病菌的传播主要是靠气流传播，在新种植番茄的棚里也可使植株受害。在病田内病菌还可以通过灌水或田间操作进行短距离的传播。单株发病后形成中心病株，条件适宜时在田间迅速传播，严重时全田发病。

（4）防控措施

一是种子处理。选育优良抗病品种，并进行温汤浸种。将选好的种子放在55℃温水中浸30 min，能有效减少种子上的病菌数量。

二是清洁田园。及时清除病残体。播种前彻底清除田间病残体，做无害化处理。发现发病植株时，要立即摘除病叶病果，并装入袋中，集中深埋处理，减少病源。

三是栽培管理。合理密植，及早搭架，适当摘除植株下部老、黄、病叶，改善通风透光条件。控制湿度：阴雨天注意排水排湿；平时科学灌溉。铺盖地膜控水降温：阴天避免浇水，浇水打药在上午进行，之后闭棚提温，及时排湿。合理施肥：增施有机肥，注意氮磷钾肥的配比，适量施肥。

四是化学防治。预防用药，苗期开始防病，一般在第1穗果现蕾时进行第1次喷药预防。在发病初期用药。注意杀菌剂交替使用。登记的用于防治番茄晚疫病的农药有多种，如喹啉铜、氟吡菌胺·氰霜唑、唑醚·代森联、噁酮·氟噻唑、精甲·百菌清、氨基寡糖素等。

7.2.3　白粉病

白粉病是设施番茄栽培中常见的病害，具有发生突然、传播快的特点，主要危害叶片，也危害茎、果实和叶柄。

（1）危害症状

叶片、叶柄、茎及果实均可发病，中下部叶片先发病，逐渐向上部叶片蔓延。发病初期在叶表出现褪绿小斑点，出现少量点发状的白色细丝状物，后扩大发展成为形状及大小不一的白色粉斑，最终整个叶片布满白粉，叶片背面也会产生白色菌丝体。由于病原菌只是产生吸器伸入寄主表皮细胞吸取营养和水分，并不侵入叶片组织细胞，因此在叶片上一般不产生坏死斑，而是表现为病部组织褪绿。叶柄、茎、果实染病时，发病部位也产生白粉状病斑（图7-5）。

图7-5　番茄白粉病

（2）发生规律

病原菌为鞑靼内丝白粉菌，无性阶段为辣椒拟粉孢。分生孢子棍棒状，单个顶生于孢子梗，闭囊壳近球形，附属丝丝状，不规则分枝。

中心病株自下部叶片开始发病，并向上部叶片扩散。上部叶片显症后，病原菌水平扩散到周围植株，实现病害的扩散流行。番茄白粉病的发生还表现出顺栽培垄传播快、垄间传播稍慢的现象。据报道，在不采用防治措施的条件下，只要环境条件适宜，从植株上部叶片显症到发病率达 91.5％仅需 5d，全田普发约 10d。番茄白粉病发病温度为 15～30℃，最适生长温度为 25～28℃。在高温干旱与高温高湿交替出现的情况下，又有大量菌源的条件下容易造成流行。分生孢子在有水滴的情况下才能萌发。棚室内只要条件适宜全年均可发病，发生多次再侵染。主要以闭囊壳形式在病残体越冬，也可在设施栽培的茄科蔬菜上以分生孢子重复侵染的方式越冬。

（3）传播途径

主要以分生孢子进行传播，借助气流进行远距离传播；另外水滴飞溅、农事操作时所穿衣物、使用的工具等也可沾染分生孢子而进行近距离传播。成熟的分生孢子脱落后通过气流进行再侵染。

（4）防控措施

选用抗病品种，加强栽培管理，控制棚室内湿度，及时放风。减少菌源，及时清除病残体，清除发病植株，夏季休闲期高温闷棚或者使用石灰氮处理土壤。定植前几天将棚室密闭，用 45％百菌清烟剂熏棚。

7.2.4　细菌性斑点病

该病危害番茄叶、叶柄、茎、花、果实。苗期和成株期均可发病。

（1）危害症状

叶片上产生深褐色至黑色不规则斑点，直径 2～4mm，斑点周围有时会出现黄色晕圈。通常在植株下部老熟叶片先发病，向植株上部蔓延，发病初期会产生水渍状小圆斑，扩大后病斑呈暗褐色，圆形或近圆形，发病中后期病斑变为褐色或者黑色，有些病斑相互连接成大型不规则形病斑。

萼片、花梗、叶柄、茎上也会产生褐色斑点。茎部发病时，病斑易连成斑块，严重时部分茎秆变黑。叶柄症状和茎秆相似，但是病斑周围无黄色的晕圈。

花蕾发病时，萼片上会形成许多黑点，连成片时，使萼片干枯，不能正常开花。果实上通常产生直径为 2～5mm 的圆形、近圆形褐色斑点，稍隆起，中部暗淡，果实近成熟时，"绿岛"现象明显（图 7-6）。

图 7-6　番茄细菌性斑点病危害叶片和果实

（2）发生规律

病原菌为丁香假单胞菌番茄叶斑病致病型，是细菌，菌体短杆状，单细胞，属革兰氏阴性菌。

病原菌随病残体在土壤中越冬，也可在种子内越冬，病原菌在病残组织内可以长期存活，成为翌年初侵染源。病原菌经伤口、叶片茸毛、气孔和其他自然孔口侵入。温暖潮湿的环境利于病害发生，温度为 18～28℃，相对湿度为 90％以上时适宜发病。最适感病生育期为育苗末期至定植坐果前后，发病潜育期通常为 7～15d。

（3）传播途径

通过种子、幼苗调运进行远距离传播，如其他栽培管理措施粗放会加重病害发生。流水飞溅、农事操作是近距离传播的途径。

（4）防控措施

选育抗病、耐病品种，选育无病健康幼苗。杀菌剂浸种后用清水洗掉药液，稍晾干后再催芽；采用滴灌方式，避免喷灌。

发病初期，用 20％噻菌灵悬浮剂 500 倍液进行防治，每隔 10d 左右喷一次，连喷 3～4 次。登记使用的农药有春雷素·多黏菌，按 60～120mL/亩用量施用。有报道用低浓度的以银为基础的纳米复合材料 Ag-dsDNA-GO 能够替换铜制剂，用来控制番茄细菌性叶斑病，消灭对铜制剂产生抗性和敏感的病菌菌株。

7.2.5　黄化曲叶病毒病

该病害自 2009 年在北京暴发以来，一直是我市番茄栽培中的主要病害。设施栽培中可以整年、连年发生，通常在夏秋季发生重，危害大，苗期发病导致绝收。

（1）危害症状

典型症状是顶部叶片变小，黄化，卷曲，边缘亮黄色（图7-7）；发病植株节间缩短，矮化，花朵数量减少，开花延迟，坐果少而小，成熟期果实转色不正常，且成熟不均匀（图7-8）。

该病在番茄生长各阶段均可发生。苗期发病，植株严重矮缩的，不能开花结果，造成绝收；植株生长后期发病，上部叶片和新芽表现出典型的黄化卷曲症状，坐果急剧减少，果小且畸形，严重影响产量和品质（图7-9）。

图7-7　发病的苗期植株、顶部叶片典型症状　　图7-8　番茄黄化曲叶病毒病典型症状

图7-9　整个棚室全部发病

（2）发生规律

该病在北京由番茄黄化曲叶病毒（tomato yellow leaf curl virus，TYL-

61

CV）侵染引起。TYLCV 属于双生病毒科（*Geminiviridae*）菜豆金色花叶病毒属（*Begomovirus*），寄主有番茄、曼陀罗、辣椒、菜豆、烟草等。高温干旱的气候有利于烟粉虱的大量发生，也有利于病毒在寄主体内迅速增殖，因此每年 7—8 月播种的夏秋茬番茄发病最为严重；随着天气转凉、气温降低，病毒传播没有之前高温时那样迅速，并且部分烟粉虱无法越冬，虫量降低。每年 9—10 月气温降低，烟粉虱大量迁移到温室危害，同时将病毒传播到温室栽植的番茄上，引发病毒病发生的高潮。

（3）传播途径

该病害在田间主要通过烟粉虱传播，同时可经嫁接传播，不能经机械摩擦传播。烟粉虱在作物和蔬菜以及杂草上发生十分普遍，危害茄科、葫芦科、豆科等多种植物。烟粉虱获毒后终生带毒，但不经卵传给下一代。在保护地栽培条件下，烟粉虱在北方能够安全越冬并呈周年发生，成为导致番茄黄化曲叶病毒病快速扩散和大流行的重要原因。有报道称 TYLCV 通过种子传播，带毒种子萌发的幼苗发病是初侵染源。

（4）防控措施

控制番茄黄化曲叶病毒病的发生和流行，应采用"以选用抗病品种和农业防治为主"的综合防病措施。

近年来由于番茄黄化曲叶病毒病在我国多地危害严重，一些育种单位和公司纷纷推出了抗病毒品种，如浙粉 702、名智 4201、卡菲妮等。

①培育无虫、无病幼苗：苗期感病后，不仅造成发病植株绝收，且成为植株间快速传播的毒源，所以要求务必培育无粉虱、无病毒病的番茄幼苗。尽量避开在 7—8 月烟粉虱高发季节培育幼苗和定植。如果当年烟粉虱种群数量大，育苗应推迟到 9—10 月。

育苗床应与生产大田分开，苗床尽量选用近年来未种过茄科和葫芦科作物的土壤，对育苗基质及苗床土壤进行消毒处理，以减少虫源；采用 40～60 目防虫网隔离育苗以避免苗期感染病毒；苗床内在植株顶端高度向下 5cm 处悬挂黄色粘虫板，诱杀烟粉虱以减少传毒媒介。

对外地调运的幼苗，特别是从发病区调运的幼苗，务必在调运前委托具有病毒检测能力的大学等研究机构进行抽样快速检测，若幼苗中检测到该病毒，建议不要调运。

②强化田间防控措施：幼苗移栽前 7d 对棚室进行消毒、杀虫处理，棚室所有通风处均使用 40～60 目防虫网覆盖，门口设置缓冲门道，内外门错开并且避免同时开启。以防带毒的烟粉虱进入棚室内。

发现病株或疑似病株，务必及时拔除深埋（＞40cm）。及时清除田间杂草和残枝落叶减少虫源和毒源。发病初期，症状可能与缺素症、普通花叶病毒病相混淆而引起更严重的损失，一经发现，请及时与当地植保部门联系。

由于烟粉虱繁殖能力强，扩散迅速，具有突发性、爆发性和毁灭性等危害特点，应对棚室内及周围植物上的烟粉虱进行统防统治，提高防治效果。冬季或春季种植番茄，气温较低，烟粉虱发生少，活动性不强，是控制该病传播和彻底防治烟粉虱的最佳季节。

生产中如遇虫口上升迅速需及时采用药剂应急防治。每年9月底至10月初是烟粉虱等小型害虫迁入温室越冬的关键时期，应排查防虫网，及时补漏；更换黄板，监测虫量；发生较重时，傍晚闭棚后可用10％、15％等异丙威烟剂熏杀，或用药剂喷雾防治。推荐使用22.4％螺虫乙酯悬浮剂25～30mL/亩、25％噻虫嗪水分散粒剂10～20mL/亩、10％溴氰虫酰胺悬浮剂33.3～40mL/亩、3％啶虫脒乳油30～60mL/亩等药剂，喷药时务必均匀喷到叶片正面和背面，特别着重对叶片背面喷药。因烟粉虱繁殖力强，极易产生抗药性，需要几种药剂交替混配使用。气温较高或保护地内温度较高时，烟粉虱活动活跃，一般5～7d喷药1次，温度较低时可10～15 d防治1次。

7.2.6　溃疡病

番茄溃疡病是番茄上最为严重的细菌性病害之一，造成植株萎蔫或死亡，果实皱缩畸形等危害。

（1）危害症状

番茄溃疡病从番茄幼苗到坐果期都可发生，危害叶片、茎秆、果实，损害维管束，造成植株萎蔫或死亡。早期症状通常是下部叶片萎蔫下垂卷缩，类似干旱缺水状，由于此时病菌未到达顶梢，枝叶生长仍正常，有时也可出现植株一侧或部分小叶萎蔫，其余部分生长正常的现象。有的幼苗在下胚轴或叶柄处产生溃疡状凹陷条斑，导致病苗矮化或枯死（图7-10）。

随着病害发展，病菌由茎部侵入，从韧皮部向髓部扩展，茎秆上出现狭长病斑，上下扩展，髓部变褐，严重时茎秆发生爆裂，并在髓部形成黄色或红褐色的空腔。在多雨水或湿度大时，从病茎或叶柄病部溢出菌脓。

病害通过维管束侵入果实，导致幼嫩果实皱缩畸形，内部种子小而不成熟。正常大小的果实感病后外观正常，偶尔有少数种子变黑。在高湿或喷灌条件下，果实上出现"鸟眼状"斑点（图7-11），最初为白色圆形，以后形成浅褐色粗糙的中心，略微凸起，斑点周围有一白色晕圈。许多小的斑点可联结成不规则的斑块，但仍留有白色的晕圈。"鸟眼斑"通常由再浸染引起，不一定与茎部系统侵染发生于同一植株（图7-12）。

图 7-10　番茄溃疡病病株

图 7-11　危害果实形成的"鸟眼斑"

图 7-12　番茄溃疡病病株髓部变褐

（2）发生规律

病原菌为密执安棒形杆菌密执安亚种（*Clavibacter michiganensis* subsp. *michiganensis*，Cmm）。

带菌种子是主要初侵染源。研究表明：采自病株的种子100％带菌，病健株混收的种子带菌率也很高。该菌生长适宜温度在24～27℃，在干燥种子上的细菌可存活2年以上，潜伏于病残体上的病菌在土壤中也可存活1～2年。

番茄溃疡病病菌可在种子和土壤中的病残体上越冬。病原菌一般从各种伤口侵入，也可以从植株茎部或花柄处侵入，或从叶片毛状体及幼嫩果实表皮侵入，沿韧皮部在寄主体内扩展，经维管束进入果实，侵染种子脐部或种皮，致使种子带菌。棚室内条件适合时可发生多次再侵染。也可在进行整枝打叉等农事操作时传播。

（3）传播途径

远距离传播主要通过带菌种子、幼苗，近距离传播则主要是带菌土壤、灌溉水及植物病残体。喷灌时的水滴亦可传播。病原菌从发病部位通过各种方式传播到附近植株，对产量影响不大，而造成病害在田间流行并决定损失大小的最主要因素是初侵染。

（4）防控措施

目前生产中的常见品种抗性不理想，需加强选育抗溃疡病品种的工作。

不使用带菌的种子，并对种子进行处理，切断传播途径是防控番茄溃疡病的关键措施。可用 55℃ 热水浸种 25～30min。有条件的可以使用 PCR 方法检测病原菌，有学者研究表明可以不经过 DNA 提取，而以抽提和纯化的病原菌为模板直接进行一步法 PCR 检测，可在 12h 内对番茄种子携带的番茄溃疡病菌进行准确的定性鉴定。该方法方便快速、成本低、灵敏度高，适用于种子携带番茄溃疡病菌的快速鉴定。

使用新苗床育苗、苗床使用新基质育苗或使用杀菌剂处理土壤。

经常发病的棚室应改进浇灌方法，采用滴灌，不用或少用喷灌。植株生长期整枝时手和所用的工具（如剪刀）要注意消毒。

（5）发病初期用药

登记的农药主要是氢氧化铜（有效成分 77％，20～30g/亩喷雾）、硫酸铜钙（有效成分 77％，100～120 g/亩喷雾）。使用过程中注意不同药剂的混用和轮换使用。有报道番茄内部的内生细菌部分对番茄溃疡病菌有拮抗作用，但还有待研究。

7.2.7 灰霉病

番茄灰霉病是设施番茄生产中的一种主要病害，整个生育期均可发生，主要危害果实，发生时间早，持续时间长，造成大量烂果，通常造成 20％～30％ 的减产损失，严重时可减产 50％。有时还在采摘后的贮藏和运输过程中发生，造成严重危害。

（1）危害症状

番茄灰霉病在幼苗至成株整个生育期内均可发生，叶片、茎秆、花以及果实均可被侵染，果实受害最为普遍和严重。苗期发病时，叶片、叶柄或者幼嫩茎秆上呈现出水渍状，变褐腐烂，逐渐干枯。常常自病部折断枯死，表面生出

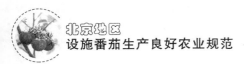

灰色霉层，严重时造成幼苗腐烂，倒折以及死苗。成株期受害时，常常因为残花败叶染病后脱落至果实上造成侵染。

叶片染病时，多从叶尖或者叶缘开始，病斑水渍状，青褐色，圆形或椭圆形，呈 V 形向内扩展，湿度大时病斑上产生稀疏的灰色霉层，干燥时病斑变成灰褐色（图 7-13）。

青果发病通常普遍而严重，常从残花部位发病，初时果皮水渍状，灰白色，很快软化腐烂，表面密生厚厚的灰色霉层，一般不脱落，有时在果实上形成外缘白色、中央绿色的圆形病斑，俗称"花脸斑"（图 7-14）。

图 7-13　番茄灰霉病病叶

图 7-14　番茄灰霉病病果

（2）发生规律

该病病原为灰葡萄孢菌（*Botrytis cinerea*），也称为灰霉菌，是一种寄生性较弱的真菌。当寄主生长健壮时抗病性较强，不易被侵染；在寄主生长衰弱的状况下因抗性降低，易被侵染。

灰霉菌的侵染主要受棚室内温湿度条件的影响，一般情况下低温、高湿有利于发病。棚室内低温高湿、光照不足，是造成灰霉病流行的主要因素。春季遇上倒春寒或连续阴雨天，导致棚室内光照不足，温度过低，不利于植株生长，降低抗病性，有利于病菌繁殖和侵染。此外，重茬栽培、土壤黏重、植株密度过大、灌水过多、氮肥过多使用等均可加重病害。

（3）传播途径

灰霉菌主要以分生孢子、菌丝体或菌核在病残体和土壤中越冬。分生孢子适应性和抗逆性强，在室内干燥条件下存放 3 个月仍可存活，在病残体上可存活 4～5 个月，在棚室内越冬，成为下一茬或第二年的初侵染源。条件适宜时越冬的菌丝体和分生孢子借助气流和流水传播，菌核可以通过病残体的调运传播。分生孢子萌发后通过伤口或者衰弱组织直接侵染，发病后产生大量分生孢子，造成再侵染，后期病菌落入土中或形成菌核越冬，成为初侵染源。

（4）防控措施

番茄灰霉病在设施生产中发生严重，根据其发生规律，应采取变温管理和加强通风的生态物理防控措施，抑制病原菌滋生，及时清除病残体，必要时使用高效低毒农药进行综合防控。

适当延长通风时间，降低棚内湿度，在夜间适当提高棚室温度，减少叶面结霜，合理摘除老叶，保持通风透光。田间发病规律及人工接种研究表明，番茄灰霉病菌对果实的初侵染部位主要为残留花瓣及柱头处，然后再向果蒂部及果脐部扩展，最后扩展到果实的其他部位。据此，提出了在番茄蘸花后 7～15 d 摘除番茄幼果残留花瓣及柱头防治番茄果实灰霉病的方法。具体操作如下：一只手的食指和拇指捏住番茄的果柄，另一只手轻微用力即可摘除残留的花瓣及柱头。田间小区试验表明该方法防治效果在 80％以上，达到或超过防治灰霉病常用的杀菌剂的效果，而且对单果重量无影响。

做好苗床处理，定植前可以进行药剂消毒，比如 50％多菌灵可湿性粉剂或 50％甲基硫菌灵可湿性粉剂，按照 8～10g/m² 加 10～15kg 的干土拌匀，配制成药土撒施，也可以使用 3％噻菌灵烟剂或 10％百菌清烟剂密闭熏蒸。

有学者针对设施农业，通过物联网技术实时采集温室番茄作物的各种环境参数，构建基于粗糙神经网络的番茄灰霉病预警模型，通过对实时采集的数据进行分析，可以对番茄灰霉病进行预警。还有学者采用高光谱图像结合成像检测技术提取并理解植株染病后叶面、冠层的图像特征信息，建立基于高光谱成像技术的番茄灰霉病的早期检测模型，形成对番茄灰霉病进行早期、准确、非破坏性诊断的一种新的理论和方法。

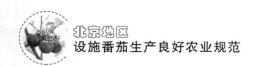

用药时间应掌握在发病之前和初期，药剂防治番茄灰霉病，一定要加强初期症状的诊断工作。强调"早防治"，如果防治不及时，特别是有青果发病时才开始施药，则防治效果不佳。对灰霉病防治效果较好的药剂有腐霉利、氟吡菌酰胺·嘧霉胺、啶菌噁唑·嘧菌环胺、菌核净、异菌·氟啶胺、咯菌腈等，一次施药过后间隔 7～10d，根据病情用药 2～3 次。

近年来，对于番茄灰霉病用生物防治的研究报道较多。目前报道过的灰霉病生物防治菌中，真菌有绿色木霉、哈茨木霉、链孢黏帚霉等；细菌有枯草芽孢杆菌、多黏芽孢杆菌、地衣芽孢杆菌等。农用抗生素有武夷菌素、磷氮霉素、嘧肽霉素等。其生物防治机制包括竞争作用、拮抗作用、重寄生作用、溶菌作用、诱导抗性及促进植物生长等方面。目前的研究将微生物防治方法与其他的防治方法进行有机结合，可以显著提升防治效果。例如哈茨木霉菌与啶酰菌胺联合使用，对番茄灰霉病的抑制率可以达到 61.17%。

7.2.8 叶霉病

番茄叶霉病俗称"黑毛"，是一种普遍发生、危害严重的病害。发病叶片变黄枯萎，导致减产 20%～30%。随着我国设施番茄的发展，该病发生越来越严重，危害增大，在我国大多数设施番茄产区均有发生，以华北和东北地区受害最为严重。

（1）危害症状

主要危害叶片，严重时可侵染茎和花，偶见果实受害。叶片受害时，叶片正面显现出不规则形或者椭圆形、浅绿色或者浅黄色的褪绿斑，边缘界限不清晰，病叶背面逐渐产生致密的绒毯状霉层，严重时叶片正面也有霉层。霉层初期为白色至淡黄色，逐渐转化为深黄色、灰褐色至黑褐色。发病严重时常常数个病斑连成片，导致叶片干枯卷曲。病害通常从中下部叶片开始发病，逐渐向上扩展，后期导致全株叶片皱缩甚至脱落（图 7-15）。

图 7-15　番茄叶霉病危害症状

花受害时，花器凋萎，幼果脱落。偶尔果实发病时，在蒂部形成近圆形、黑色的凹陷斑，革质化而不能食用。

（2）发生规律

番茄叶霉病菌为丝分孢子真菌中的黄褐孢霉（*Fulvia fulva*），菌落在25～27℃范围内均可发育，但高于30℃时发育受到抑制。分生孢子形成温度为10～27℃，适宜萌发温度为25～30℃。

温暖、高湿是番茄叶霉病发生的主要环境因素。该病菌生长发育适应性强，对环境条件要求低。相对湿度低于80%不利于孢子的形成，也不利于病菌的侵染。病菌的潜育期为10d左右。棚室生产中遇到连续阴雨天、光照不足、通风不良、温度高时导致植株长势衰弱，有利于病菌的侵染、流行。如果短期内温度上升到30～36℃，则对病害有抑制作用。栽培管理水平与病害的发生密切相关，植株过密、通风透光不良、氮肥缺乏等容易加重病害的发生。不同番茄品种对于叶霉病的抗性具有明显差异。

（3）传播途径

番茄叶霉病主要以菌丝体随病残体在土壤中越冬，也以分生孢子在种子表面或潜伏在种皮内越冬，带菌种子萌发后病菌可以直接侵染幼苗，成为初侵染源。从病残体越冬后的菌丝体可以产生分生孢子，借助气流和流水传播。孢子萌发后，从寄主叶片背面的气孔侵入并在细胞间蔓延，产生吸器吸取养料，条件适宜时频繁发生再侵染。病菌也可以从萼片、花梗的气孔侵入并进入子房，潜伏在种皮内。

（4）防治措施

经常发生的棚室应考虑选用抗病品种。利用抗病品种防治番茄叶霉病是最经济有效的办法。番茄对其抗性受显性单基因控制，属于垂直抗性，但应注意品种的抗性丧失。番茄叶霉病菌生理小种多且易发生变异。目前培育的抗病品种都属于垂直抗性品种，因此连续大面积种植易导致小种变异，产生新优势小种使品种抗性丧失，造成极大危害和损失。番茄叶霉病在蔬菜病害中是生理小种分化最激烈的病害之一。到目前为止世界上报道的番茄叶霉病病菌生理小种有24个，发现的抗病基因至少有24个，目前已被育种专家应用的有9个以上。

选用无病种子。未包衣的种子采用55℃的温水浸种30min，或用硫酸铜浸种，或用30%克菌丹按照种子质量的0.4%拌种。

采用无病土壤育苗，地膜覆盖栽培，有学者研究表明在大棚内覆盖地膜可减少相对湿度，减少发病。同时增加施用磷肥和钾肥，合理控制灌水以提高植株抗病性，有学者研究表明钙元素和氮肥的合理配比（1∶4～1∶2）可以增强植株的抗病性。重病田可以和非寄主作物轮作2～3年，收获后深翻清除病残体。

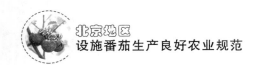

合理调控设施内温度、湿度和光照条件，前期做好保温，后期加强通风，降低大棚内部温度。夜间提高室温，减少或避免叶面结霜。尽量采用膜下灌水的方式，前期轻灌，结果后重灌。病害严重时可以升温至 36℃ 高温闷棚，抑制病情发展。

有效清除病残体。休闲期或空棚期可以用硫黄熏蒸进行环境消毒，减少菌源基数。有研究表明在大棚内架设一定的臭氧管道可以显著防治植物病害，平均综合防效达到 78％以上。

及时进行化学防治。药剂防治应该掌握在发病初期。登记的用于防治番茄叶霉病的农药有春雷霉素、多抗霉素、春雷·霜霉威、氟硅唑、氟菌·戊唑醇、氟菌·肟菌酯、甲基硫菌灵和克菌丹等。施药时，务必注意对叶背用药。有研究表明在病害发生初期用 80mL/L 的酸性电解水对番茄叶霉病有一定的防治效果，且对番茄增产有一定效果。

7.2.9　褪绿病毒病

该病自 2012 年在北京发生以来，已在所有郊区县发生，成为设施番茄栽培中的一种主要病害。该病具有潜伏期长，危害症状不易识别、危害大的特点，将长期危害北京市番茄生产。

（1）危害症状

通常在番茄植株的中下部叶片表现褪绿症状，上部叶片正常。发病番茄叶片脉间黄化，有些区域变红，发育受阻，轻微卷曲，叶脉变为浓绿色。通常在老叶上表现明显，新生枝条和叶片表现正常，随着病害发展，发生脉间坏死，叶片变得易碎、发脆、变厚（图 7 - 16）。番茄褪绿病毒侵染番茄引起的症状极易与物理损伤、营养失调或农药药害混淆，需要仔细辨别或做病毒核酸检测（图 7 - 17、图 7 - 18）。

图 7 - 16　番茄褪绿病毒病症状初现

图 7 - 17　设施番茄栽培中发生的番茄褪绿病毒病典型症状：
番茄植株中下部叶片褪绿黄化

图 7 - 18　番茄褪绿病毒病在棚室内普遍发生

（2）发生规律

在北京，番茄褪绿病毒病由番茄褪绿病毒（*Tomato chlorosis virus*，
ToCV）侵染引起。ToCV 侵染番茄后，通常有 3～4 周的潜育期，然后在植株
的中下部叶片开始出现褪绿，逐渐扩展至整个叶片，随后整个叶片发病，逐渐
扩展到其他叶片，随着病情发展，后期叶片枯死。

由于茬口和烟粉虱的发生时期，北京设施番茄上发病的高峰期一般在 10
月底至 12 月。经过多年的调查，设施番茄通常在 7—8 月育苗期或 9—10 月定

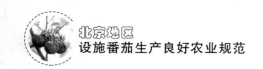
植后，经由烟粉虱取食和活动造成病毒病传播扩散。高温干旱的气候有利于烟粉虱的大量发生，也有利于病毒在寄主体内迅速增殖，因此每年 7—8 月播种的夏秋茬番茄通常容易被感染。每年 9—10 月气温降低，烟粉虱大量迁移到温室为害，同时将病毒传播到温室栽植的番茄上，通常在 3～4 周后造成番茄褪绿病毒病发生的一次高潮。

ToCV 属于长线形病毒科（Closteroviridae）毛形病毒属（Crinivirus），可以侵染茄科、菊科、藜科、苋科（Amaranthaceae）、杏科、夹竹桃科及蓝雪科等 7 科 25 种植物。其中，茄科寄主数目最多，如番茄、辣椒，以及普通烟、本生烟等多种烟草。一些常见杂草和观赏植物也是 ToCV 的寄主，如苦苣菜、百日菊、矮牵牛等。

（3）传播途径

传毒介体为烟粉虱，同时可经嫁接传播，不能经机械摩擦。ToCV 不能通过汁液摩擦传播，目前报道有五种粉虱能够传播 ToCV，Q 型烟粉虱、B 型烟粉虱、纹翅粉虱传毒效率高，A 型烟粉虱和温室白粉虱的传毒效率则较低，纹翅粉虱带毒长达 5d，B 型烟粉虱带毒为 2d，而 A 型烟粉虱和温室白粉虱只能带毒 1d，虽然传毒效率有差异，但都可以进行有效地传毒。

烟粉虱在作物和蔬菜以及杂草上发生十分普遍，为害茄科、葫芦科、豆科等多种植物。烟粉虱获毒后终生带毒，但不经卵传给下一代。在设施栽培条件下，烟粉虱在北方能够安全越冬并呈周年发生，成为导致番茄褪绿病毒病快速扩散和大流行的重要原因。

（4）防控措施

目前尚未培育出对番茄褪绿病毒病有抗性的品种。防控措施应以控制烟粉虱和培育健康无虫无毒苗为主要途径。

在控制烟粉虱和培育无毒苗过程中，番茄褪绿病毒病的防控措施基本同于番茄黄化曲叶病，要注意的是，番茄褪绿病毒寄主范围广，病害潜伏期长达 3～4 周，病害最先在下部老叶上出现，所以隐蔽性强，容易被忽视或与缺素、药害混淆。鼓励有条件的生产单位开展或委托进行病毒检测。

生产中应对番茄褪绿病和番茄黄化曲叶病毒病同时进行防控。参考 7.2.5 中番茄黄化曲叶病毒病的防控措施。

7.2.10 根结线虫病

（1）危害症状

根结线虫病只在根部发生，幼苗期主要侵害主根，成株期和半成株期多侵害幼嫩侧根和细根。根部受害时形成很多大小不等、形状不同的瘤状根结，表面粗糙，初期乳白色至乳黄色。解剖根结，病部组织内有很小的乳白色线虫。

地上部症状不明显，主要表现为生长不良、矮小，空气干燥时植株萎蔫。

（2）发生规律

根结线虫以卵或2龄幼虫在土壤中越冬。环境条件适宜时，越冬卵孵化为幼虫，从嫩根侵入生长发育繁殖，刺激根细胞增生，形成瘤状根结，新生代根结线虫幼虫，2龄后离开卵壳，借灌溉水和雨水的传播，进入土中侵入根系进行再侵染，加重危害。根结线虫多分布在距表土20cm的土层内，主要在3～10cm土层中活动。中性沙壤、结构疏松的土壤发病严重，连作时间长的地块受害严重。一般南方根节线虫在北方地区露地不能越冬，因此保护地受害较重。

（3）传播途径

带病植株或幼苗，带病土壤、农具等传播。

（4）防控措施

一是选用抗线虫品种，如仙客5、仙客6、仙客8、秋展16等。

二是彻底清洁田园，在前茬拉秧后仔细清除植株残根，带出田园集中销毁。

三是土壤消毒。采用20％辣根素水乳剂在定植前开展土壤消毒工作，消毒前将滴灌管平铺于垄上，覆严地膜，首先用清水将土壤滴湿，随后滴入20％辣根素水乳剂，密闭熏蒸5～7d，最后揭开地膜，散除气味3d后即可定植。20％辣根素水乳剂土壤消毒每亩用量3～5d。

四是药剂防治。每亩可选用100亿芽孢/g坚强芽孢杆菌可湿性粉剂400～800g、5亿活孢子/g淡紫拟青霉颗粒剂2.5～3kg或41.7％氟吡菌酰胺悬浮剂0.024～0.030mL/株、每亩用10％噻唑膦颗粒剂1.5～2kg、每亩用0.5％阿维菌素可溶液剂1.5～2L等药剂防治。

7.3 设施番茄常见虫害及防治

7.3.1 粉虱

（1）为害特点

粉虱主要是白粉虱和烟粉虱危害严重，成虫和若虫吸食寄主植物的汁液，致叶片褪绿、变黄、萎蔫，甚至全株枯死。同时分泌大量蜜露诱发煤污病，影响叶片光合作用，污染叶片和果实，严重时使果实失去商品价值。同时，粉虱还传播多种病毒。

（2）形态特征

成虫的区别：烟粉虱体形偏瘦小，体长0.85～0.91mm，而温室白粉虱0.99～1.06mm，略大于烟粉虱；烟粉虱静止时翅合拢呈屋脊状，温室白粉虱

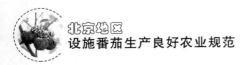
合拢较平坦。蛹的区别：烟粉虱的蛹为淡绿色或黄色，温室白粉虱的蛹为白色至淡绿色。

（3）发生规律

烟粉虱的成虫有明显的趋嫩性，成虫主要在植株顶部嫩尖处为害，随着植株的生长逐渐由下部向上部叶片移动。成虫产卵于叶背，卵为长梨形，成虫还有背光性，主要活动在叶背。烟粉虱在植株上形成垂直分布，上部为成虫，中下部为卵、若虫和蛹。调查虫量时应查看叶背。烟粉虱的寄主范围更广，温室粉虱不危害棉花、十字花科蔬菜等这类植物。因此发生在棉花、白菜、甘蓝、萝卜、菜花上的粉虱一定是烟粉虱，而其他作物有混合发生的可能。烟粉虱传毒能力强，传播 30 种植物 70 多种病毒，且适应性更强，可忍耐 40℃高温。

温室白粉虱不耐低温，1 年可发生 10 余代，以各种虫态在保护地内越冬为害，春季扩散到露地，9 月以后迁回到保护地内。成虫不善飞，有趋黄性，群集在叶背面，具趋嫩性，故新生叶片成虫多，中下部叶片若虫和伪蛹多。交配后，1 头雌虫可产 100 多粒卵，多者 400～500 粒。此虫最适发育温度为 25～30℃，在温室内一般 1 个月发生 1 代。

（4）防治措施

一是收获后及时清理田间杂草和植株残体，保护地种植需清除温室外杂草，以减少田间虫源。

二是注意安排茬口、合理布局。在温室、大棚内，黄瓜、番茄、茄子、辣椒、菜豆等不要混栽，有条件的可与芹菜、韭菜、蒜、蒜黄等间套种，以防粉虱传播蔓延。

三是培育无虫苗。育苗时要把苗床和生产温室分开，育苗前先彻底消毒，幼苗上有虫时在定植前清理干净，做到用作定植的种苗无虫。挂防虫网，规格以 50 目为宜。

四是利用粉虱对黄色，特别是橙黄色有强烈的趋性，在作物生长点 3～5cm 处，悬挂黄板诱杀，每亩设置 30～40 块及时悬挂黄板诱杀成虫。

五是药剂防治。每亩可选用 5％ d-柠檬烯可溶液剂 100～125mL、99％矿物油乳油、88％硅藻土可湿性粉剂 1～1.5kg 等药剂，或者每亩 50％噻虫胺水分散粒剂 6～8g、25％噻虫嗪水分散粒剂 7～15g、10％溴氰虫酰胺可分散油悬浮剂 43～57mL、22.4％螺虫乙酯悬浮剂 25～30mL 等药剂喷施。

7.3.2　棉铃虫

（1）为害特点

棉铃虫以幼虫蛀食植株的花蕾、花器、果实、种荚，也钻蛀茎秆、果穗等。早期食害嫩茎、嫩叶和嫩芽。花蕾和花器受害之后，苞叶张开，变成黄绿色，易脱落。果实和种荚常被蛀空或引起腐烂。

（2）形态特征

棉铃虫属于鳞翅目夜蛾科，成虫体长 15～20mm，翅展 27～38mm。雌蛾赤褐色，雄蛾灰绿色。前翅翅尖突伸，外缘较直，斑纹模糊不清，中横线由肾形斑下斜至翅后缘，外横线末端达肾形斑正下方，亚缘线锯齿较均匀。后翅灰白色，脉纹褐色明显，沿外缘有黑褐色宽带，宽带中部 2 个灰白斑不靠外缘。前足胫节外侧有 1 个端刺。老熟幼虫长 40～50mm，初孵幼虫青灰色，以后体色多变。

（3）发生规律

成虫昼伏夜出，晚上活动、觅食和交尾、产卵。成虫有取食补充营养的习性，羽化后吸食花蜜或蚜虫分泌的蜜露。雌成虫有多次交配习性，羽化当晚即可交尾，2～3d 后开始产卵，产卵历期 6～8d。产卵多在黄昏和夜间进行，喜欢产卵于嫩尖、嫩叶等幼嫩部分。成虫飞翔力强，对黑光灯，尤其是波长 333nm 的短光波趋性较强，对萎蔫的杨、柳、刺槐等枝把散发的气味有趋性。

幼虫一般 6 龄。初孵幼虫先吃卵壳，后爬行到心叶或叶片背面栖息。2 龄幼虫除食害嫩叶外，开始取食幼蕾。3 龄以上的幼虫具有自相残杀的习性。5～6 龄幼虫进入暴食期，每头幼虫一生可取食蕾、花、铃等 10 个左右，多者达 18 个。

（4）防治措施

一是冬季和早春翻地灭蛹，减少田间越冬虫源。

二是成虫对黑光灯、高压汞灯有较强的趋性，特别是高压汞灯的有效诱杀半径达 80～160m。或使用杨树枝把、性诱剂诱蛾。

三是结合田间管理随整枝打杈摘除带卵叶片、果实、嫩梢等。

四是药剂防治。每亩可选用 10%溴氰虫酰胺可分散油悬浮剂 14～18mL、50g/L 虱螨脲乳油 50～60mL 等药剂喷施。

7.3.3 斑潜蝇

（1）为害特点

幼虫潜食叶肉，形成蛇形弯曲的被害潜道，多为白色，有的后期变成铁锈色，白色隧道里交替排列黑色线状粪便。植株幼嫩时期受害重，虫口多时叶片上潜道密布，短期内即枯黄坏死。成虫产卵和取食形成产卵点和取食点，影响寄主正常光合作用。

（2）形态特征

斑潜蝇成虫体长 2mm，胸部、腹部灰黑色，额鲜黄色；卵椭圆形，米色；幼虫蛆状，出孵时无色，渐变黄橙色，老熟幼虫长约 3mm。

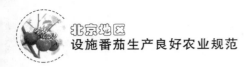

（3）发生规律

斑潜蝇通常在保护地内越冬，春秋两季是斑潜蝇的高发生期，在北京地区一年可发生多代，在喜食植物上种群增长快。研究表明成虫有趋黄性，在管理粗放、施用杀虫剂较少地区发生严重。

（4）防治措施

一是实行与非喜食蔬菜轮作，北方地区冬季进行1～2个月空棚。

二是收获完毕，即彻底清除田间植株残体和杂草，有虫植株残体必须高温堆沤处理。保护地在尚未拉秧前40℃以上高温闷棚，杀死残存虫蛹。夏季深翻土壤高温闷棚。

三是斑潜蝇轻发区加强调查，发现受害叶片及时摘除，并悬挂黄色粘虫板，诱杀成虫。

四是药剂防治需注意交替使用不同药剂，防止害虫产生抗药性。防治成虫喷药宜在早晨或傍晚进行，每亩可选用10%溴氰虫酰胺可分散油悬浮剂14～18mL、4.5%高效氯氰菊酯乳油28～33mL、16%高氯·杀虫单微乳剂75～150mL喷雾进行防治。

常见病虫害部分登记药剂信息，见表7-1和表7-2；蜜蜂受粉期禁止使用农药见表7-3。

表7-1　蔬菜常见病害部分登记药剂信息表

登记作物	主要防治对象	农药通用名	含量及剂型	每亩每次制剂施用量或稀释倍数（有效成分浓度）	施药方法	每季最多使用次数	安全间隔期（d）
番茄	叶霉病	春雷·王铜	47%可湿性粉剂	94～125 g	喷雾	3	4
番茄	叶霉病	多抗霉素	10%可湿性粉剂	100～140 g	喷雾	4	5
番茄	叶霉病	氟菌·戊唑醇	35%悬浮剂	30～40 mL	喷雾	2	5
番茄	灰霉病	小檗碱	0.5%水剂	150～187.6 g	喷雾	—	—
番茄	灰霉病	哈茨木霉菌	3亿CFU/g可湿性粉剂	100～166.7 g	喷雾	—	—
番茄	灰霉病	唑醚·氟酰胺	42.4%悬浮剂	20～30mL	喷雾	3	3
番茄	猝倒病	哈茨木霉菌	3亿CFU/g可湿性粉剂	2.67～4 kg	兑水灌根		
番茄	立枯病	哈茨木霉菌	3亿CFU/g可湿性粉剂	2.67～4 kg	兑水灌根		
番茄	立枯病	枯草芽孢杆菌	1亿CFU/g微囊粒剂	100～167 g	喷雾		
番茄	早疫病	碱式硫酸铜	27.12%悬浮剂	132～159 mL	喷雾		
番茄	早疫病	苯甲·氟酰胺	12%悬浮剂	56～70 mL	喷雾		
番茄	早疫病	嘧菌酯	250g/L悬浮剂	24～32 mL	喷雾	3	5

（续）

登记作物	主要防治对象	农药通用名	含量及剂型	每亩每次制剂施用量或稀释倍数（有效成分浓度）	施药方法	每季最多使用次数	安全间隔期（d）
番茄	晚疫病	多抗霉素	3％可湿性粉剂	356～600 g	喷雾	3	2
番茄	晚疫病	寡雄腐霉菌	100 万孢子/g 可湿性粉剂	6.67～20 g	喷雾	—	—
番茄	晚疫病	噁酮·氟噻唑	31％悬浮剂	27～33 mL	喷雾	3	5
番茄	病毒病	宁南霉素	8％水剂	75～100 mL	喷雾	3	7
番茄	病毒病	香菇多糖	0.5％水剂	160～250 mL	喷雾	—	—
番茄	病毒病	寡糖·链蛋白	6％可湿性粉剂	7.5～10 g	喷雾	—	—
番茄	根结线虫	蜡质芽孢杆菌	10 亿 CFU/mL 悬浮剂	4.5～6 L	灌根	—	—
番茄	根结线虫	淡紫拟青霉	2 亿孢子/g 粉剂	1.5～2 kg	穴施	—	—
番茄	根结线虫	异硫氰酸烯丙酯	20％水乳剂	3～5 kg	土壤喷雾并覆膜熏蒸	1	—
番茄	线虫	棉隆	98％微粒剂	20～30 kg	土壤处理	—	—
辣椒	疫病	申嗪霉素	1％悬浮剂	50～120 g	喷雾	3	7
辣椒	疫病	氟菌·霜霉威	687.5g/L 悬浮剂	60～75 mL	喷雾	3	3
辣椒	疫霉病	小檗碱	0.5％水剂	186.7～280 g	喷雾	3	15
辣椒	立枯病	井冈霉素	24％水剂	0.4～0.6 mL	泼浇	3	14
黄瓜	霜霉病	蛇床子素	1％水乳剂	50～60 g	喷雾	—	—
黄瓜	霜霉病	氟噻唑吡乙酮	10％可分散油悬浮剂	13～20 mL	喷雾	2	3
黄瓜	霜霉病	丙森·缬霉威	66.8％可湿性粉剂	100～133 g	喷雾	3	3
黄瓜	白粉病	枯草芽孢杆菌	1 000 亿孢子/g 可湿性粉剂	56～84 g	喷雾	2	3
黄瓜	白粉病	硫黄	80％干悬浮剂	200～233 g	喷雾	2～3	6～8
黄瓜	白粉病	小檗碱	0.5％水剂	175～250 g	喷雾	—	—
黄瓜	白粉病	矿物油	99％乳油	200～300 g	喷雾	—	—
黄瓜	白粉病	唑醚·氟酰胺	42.4％悬浮剂	10～20 g	喷雾	3	3
黄瓜	白粉病	嘧菌·乙嘧酚	40％悬浮剂	30～40 mL	喷雾	3	3
黄瓜	角斑病	氢氧化铜	46％水分散粒剂	40～60 g	喷雾	3	3
黄瓜	角斑病	噻菌铜	20％悬浮剂	83.3～166.6 g	喷雾	3	3
黄瓜	角斑病	春雷霉素	2％水剂	140～175 mL	喷雾	3	4
黄瓜	角斑病	中生菌素	3％可湿性粉剂	80～110 g	喷雾	3	3
黄瓜	根结线虫	阿维菌素	3％微囊悬浮剂	400～500 g	灌根	—	—
黄瓜	根结线虫	阿维菌素	1％颗粒剂	1625～1750 g	穴施或沟施	1	51
黄瓜	根结线虫	氟吡菌酰胺	41.7％悬浮剂	72～90 mL	灌根	1	—

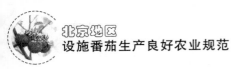
（续）

登记作物	主要防治对象	农药通用名	含量及剂型	每亩每次制剂施用量或稀释倍数（有效成分浓度）	施药方法	每季最多使用次数	安全间隔期（d）
黄瓜	根结线虫	氟烯线砜	40%乳油	500～600 mL	土壤喷雾	1	收获期
大白菜	黑腐病	春雷霉素	2%水剂	75～120 mL	喷雾	3	14
大白菜	黑腐病	春雷霉素	6%可湿性粉剂	25～40 g	喷雾	3	21
大白菜	黑斑病	嘧啶核苷类抗菌素	4%水剂	400 倍液	喷雾	—	—
草莓	灰霉病	枯草芽孢杆菌	1 000 亿芽孢/g可湿性粉剂	40～60 g	喷雾		
草莓	灰霉病	多抗霉素	16%可溶粒剂	20～25 g	喷雾		
草莓	灰霉病	唑醚·啶酰菌	38%水分散粒剂	40～60 g	喷雾	3	7
草莓	白粉病	蛇床子素	0.4%可溶液剂	80～125 mL	喷雾	3	3
草莓	白粉病	枯草芽孢杆菌	100 亿 CFU/g可湿性粉剂	60～90 g	喷雾		
草莓	白粉病	氟菌·肟菌酯	43%悬浮剂	15～30 mL	喷雾	2	5
西瓜	细菌性角斑病	春雷霉素	6%可湿性粉剂	32～40 g	喷雾	3	14
西瓜	炭疽病	多黏类芽孢杆菌	10 亿 CFU/g可湿性粉剂	100～200 g	喷雾		
西瓜	炭疽病	苯甲·嘧菌酯	325g/L悬浮剂	30～50 mL	喷雾	3	14
西瓜	蔓枯病	嘧菌·百菌清	560g/L悬浮剂	75～120 mL	喷雾	3	14

表 7-2　蔬菜常见虫害（含螨害）部分登记药剂信息表

登记作物	主要防治对象	农药通用名	含量及剂型	每亩每次制剂施用量或稀释倍数（有效成分浓度）	施药方法	每季最多使用次数	安全间隔期（d）
番茄	烟粉虱	d-柠檬烯	5%可溶液剂	100～125 mL	喷雾	—	—
番茄	烟粉虱	球孢白僵菌	400 亿孢子/g可湿性粉剂	—	喷雾		
番茄	烟粉虱	矿物油	99%乳油	300～500 g	喷雾		
番茄	烟粉虱	氟吡呋喃酮	17%可溶液剂	30～40 mL	喷雾	2	3
辣椒	蚜虫	苦参碱	1.5%可溶液剂	30～40 g	喷雾	1	10
辣椒	蚜虫	溴氰虫酰胺	10%悬浮剂	30～40 mL	喷雾	3	3
辣椒	红蜘蛛	藜芦碱	0.5%可溶液剂	120～140 g	喷雾	1	10
辣椒	茶黄螨	联苯肼酯	43%悬浮剂	20～30 mL	喷雾	2	5
辣椒	烟青虫	苏云金杆菌	16 000IU/mg可湿性粉剂	100～150 g	喷雾	—	—
辣椒	烟青虫	氯虫·高氯氟	14%微囊悬浮—悬浮剂	15～20 mL	喷雾	2	5

（续）

登记作物	主要防治对象	农药通用名	含量及剂型	每亩每次制剂施用量或稀释倍数（有效成分浓度）	施药方法	每季最多使用次数	安全间隔期（d）
辣椒	蓟马	球孢白僵菌	150 亿孢子/g 可湿性粉剂	160～200 g	喷雾	—	—
辣椒	白粉虱	噻虫嗪	25％水分散粒剂	①喷雾：7～15 g ②灌根：360～600 g，2 000～4 000 倍液	①喷雾 ②灌根	①苗期（定植前 3～5 d）喷雾 2 次 ②灌根 1 次	喷雾 3d 灌根 7d
茄子	蓟马	多杀霉素	10％悬浮剂	17～25 mL	喷雾	1	5
茄子	蓟马	乙基多杀菌素	60g/L悬浮剂	10～20 mL	喷雾	3	5
茄子	蓟马	虫螨腈	240g/L悬浮剂	20～30 mL	喷雾	2	7
茄子	红蜘蛛	藜芦碱	0.5％可溶液剂	120～140 g	喷雾	1	10
茄子	蚜虫	苦参碱	1.5％可溶液剂	30～40 g	喷雾	1	10
黄瓜	蚜虫	氟啶虫酰胺	10％水分散粒剂	30～50 g	喷雾	3	3
黄瓜	蚜虫	氟啶虫胺腈	22％悬浮剂	7.5～12.5 mL	喷雾	2	3
黄瓜	白粉虱	耳霉菌	200 万 CFU/ mL 悬浮剂	150～230 mL	喷雾	—	—
黄瓜	烟粉虱	吡蚜·螺虫酯	75％水分散粒剂	8～12 g	喷雾	2	3
黄瓜	烟粉虱	螺虫·噻虫啉	22％悬浮剂	30～40 mL	喷雾	2	3
甘蓝	菜青虫	苦参碱	2％水剂	15～20 mL	喷雾	2	7
甘蓝	蚜虫	苦参碱	1.5％可溶液剂	30～40 g	喷雾	1	10
甘蓝	甜菜夜蛾	苏云金杆菌	15 000IU/mg 水分散粒剂	25～50 g	喷雾		
甘蓝	小菜蛾	阿维·氯苯酰	6％悬浮剂	15～20 mL	喷雾	2	7
十字花科蔬菜	蚜虫	除虫菊素	1.5％水乳剂	120～180 mL	喷雾	3	2
十字花科蔬菜	蚜虫	鱼藤酮	2.5％乳油	100～150 g	喷雾	3	5
十字花科蔬菜	蚜虫	啶虫脒	5％可湿性粉剂	20～30 g	喷雾	2	5
十字花科蔬菜	小菜蛾	苏云金杆菌	16 000IU/mg 可湿性粉剂	50～75 g	喷雾		
十字花科蔬菜	小菜蛾	小菜蛾颗粒体病毒	300 亿 OB/ mL 悬浮剂	25～30 mL	喷雾		
十字花科蔬菜	菜青虫	苏云金杆菌	16 000IU/mg 可湿性粉剂	25～50 g	喷雾		

（续）

登记作物	主要防治对象	农药通用名	含量及剂型	每亩每次制剂施用量或稀释倍数（有效成分浓度）	施药方法	每季最多使用次数	安全间隔期（d）
韭菜	迟眼蕈蚊	高效氯氰菊酯	4.5%乳油	10～20 mL	喷雾	2	10
韭菜	韭蛆	球孢白僵菌	150 亿孢子/g 颗粒剂	250～300 g	撒施	—	—
韭菜	韭蛆	虫螨·噻虫胺	28%悬浮剂	80～100 mL	灌根	1	14
草莓	红蜘蛛	藜芦碱	0.5%可溶液剂	120～140 g	喷雾	1	10
草莓	红蜘蛛	依维菌素	0.5%乳油	500～1 000 倍液	喷雾	2	5
草莓	二斑叶螨	联苯肼酯	43%悬浮剂	10～25 mL	喷雾	2	1

表 7-3　蔬菜蜜蜂授粉期禁止使用农药种类（已登记药剂）

药剂名称	农药类型	对蜜蜂毒性	禁止原因
吡虫啉	杀虫剂	高毒	毒性高，残效期长
噻虫啉	杀虫剂	高毒	毒性高，残效期长
噻虫嗪	杀虫剂	高剧毒	毒性高，残效期长
噻虫胺	杀虫剂	高毒	毒性高，残效期长

CHAPTER 8

收获、准备和产品销售

8.1 收获

收获是指植物的根、茎、叶、花和果实在成熟时的采集过程。对番茄而言,可用手或者剪刀等将成熟的果实从植株上分离。收获在番茄生产中非常关键,且环节较多,对经济效益有很大影响。

8.1.1 人员

所有采收人员在采收前应该了解和掌握番茄的采收标准、采收技术以及采收、装运、卫生等注意事项。

8.1.2 采收容器

必须使用洁净的专用采收容器,采收容器应易清洗。应保证采收容器每周清洗至少一次,清洗掉黏附在容器上的汁液、泥沙和尘土等。

8.1.3 采收时间

设施番茄采收适宜在早晨或傍晚进行,或选择设施温度低于25℃时为佳。

8.1.4 田间整理

应将附着在番茄果实表面的泥土、梗叶等异物清除干净。剔除残次果、畸形果、病害果、空洞果、损伤果和着色不匀果等。

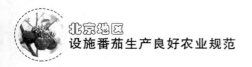

8.1.5 器具清洗

采收的刀剪和采收容器应每周清洗，刀剪等用 $30cm^3/m^3$ 次氯酸钠消杀 $5\sim10min$。运输用塑料筐应每月清洗一次，用 $50cm^3/m^3$ 次氯酸钠消杀 $5\sim10min$。

8.1.6 田间留置

存放容器应为带孔塑料筐，避免使用竹筐、柳条筐和塑料袋，每筐容量在 $10\sim15kg$。选择空气流动良好、无阳光直射、宽敞的地方停放。根据北京地区气候特点，春冬季比较干燥，田间存放时间如果超过 2 h，应用苫布进行覆盖。田间存放时间不要超过 4 h，应尽快将番茄运往包装加工中心。

8.1.7 采收记录

应对每次采收进行记录，记录内容包括但不限于品种名称、采收时间、采收质量、收购商等。

8.2 产品准备

种植者可根据客户的需求进行分拣、装箱（筐）和运输等产品准备。

8.2.1 批发市场

①分拣：将番茄按照大小果进行分拣，划分为两个等级，将着色一致、大小或果重误差在 $\pm15\%$ 以内的番茄归为同等级。

②装箱：一般使用瓦楞纸箱，每箱 10kg，包装箱外侧应标注但不限于品种名称、产地、等级、质量、联系方式等内容。

③运输：运输车辆应为封闭保温车或冷藏车。春季注意覆盖，减少失水；夏季要定期通风换气，降低车内温度；冬季要加盖保温被，保温防冻。运输途中应选择通畅、平坦的道路，减少颠簸等造成的果实挤压。

8.2.2 直销市场

①分拣：按照客户的需求进行分拣，剔除不符合客户需要的果实。

②装箱：一般使用塑料周转箱，每箱装 15kg。

③运输：运输车辆应为封闭保温车或冷藏车。夏季要定期通风换气，降低车内温度；冬季要加盖保温被，保温防冻。运输途中应选择通畅、平坦的道路，减少颠簸等造成的果实挤压。

8.2.3 配送中心

（1）分拣、装箱、运输

①分拣：按照配送中心的产品标准需求进行分拣，剔除不符合标准的果实。

②装箱：一般使用塑料周转箱，每箱装15kg。塑料箱外侧标签处应标注但不限于品种名称、种植者、地址、采收时间、质量等内容。

③运输：运输车辆应为封闭保温车或冷藏车。夏季要定期通风换气，降低车内温度；冬季要加盖保温被，保温防冻。运输途中应选择通畅、平坦的道路，减少颠簸等造成的果实挤压。

（2）配送中心产品准备

配送中心应符合国家规定的良好农业规范（GAP）、危害分析和关键控制点（HACCP）、标准操作规程（SOP）的要求。

①验货：对种植基地的番茄进行颜色、大小、整齐度、新鲜度的验收，对产品信息进行核对。

②预冷：如果番茄核心温度超过25℃，应立即转运至预冷库，在3～5h内使核心温度降至15℃以下。

③冷库暂存：预冷后在冷库内的暂存温度保持在10～15℃，时间不要超过48h。

④包装具体要求：

一是人员。要求所有员工在进入加工车间后，到包装工作台之前进行双手消杀，可以用消杀酒精或次氯酸钠（50cm^3/m^3）。员工进出卫生间前后，要重新进行双手消杀。消杀台要一直保持清洁。

二是工作台。要求在包装时与番茄接触的台面要平滑，不会刺伤番茄。每天结束包装后，可选择紫外灯、臭氧、次氯酸钠或过氧化氢等对包装车间、工作台进行消杀。

三是包装车间。工作时间车间温度宜控制在15～20℃。车间内严禁任何家畜进入。车间要定期对害虫、鼠类和鸟类等进行杀灭、驱赶，保持车间清洁卫生。

四是包装。剔除破损和腐败的番茄果实，防止污染其他果实。包装材料应逐步减少使用非降解材料，增加使用可重复利用、可降解或天然材料制造的包装容器或包装材料，减少环境的污染。

五是成品存放。成品存放冷库温度宜为10～15℃，存放时间不超过12h。存放冷库应清洁，不应存放非果蔬产品，以免造成污染。冷库应每半年清洁一次。

⑤操作记录：包装车间影响番茄安全和质量的重要操作都要进行记录。记录包括加工、包装、存放番茄的品类和质量，各个销售店配送番茄品类、质量，车间、工作台和冷库消杀情况，各种计量设备的维修和校准，员工健康情况，化学品使用等影响产品质量和安全的各个方面。

8.3　销售和贮藏

①运输：从配送中心至各个销售点的运输应使用冷藏运输车，车内温度应保持在不高于 15℃，车内应每天保持清洁，番茄从运输车到存放保鲜库脱冷时间不能超过 30min。运输车不得装载影响番茄安全和质量的物品，每次运输都应记录运输物品的品种名称、质量、装卸地、运输番茄时的车内温度等。

②包装标志和标签：应在番茄包装的明显位置粘贴或印刷标志和标签。标签内容包括但不限于品种名称、等级、生产者、包装者、采收时间、保鲜温度、推荐保鲜期等，同时应附有追溯二维码。

③销售：番茄销售时应摆放在保鲜销售柜内销售，温度控制在 15~20℃。每批次销售时间为 1~2 d。

④追溯系统：配送中心应利用采集的数据，建立完整的番茄安全质量追溯体系，追溯体系的建立应符合国家相关规定。

⑤贮藏：番茄在淡季或应急时期可以短期贮藏。贮藏番茄应 8~9 成熟时采收，贮藏温度应为 10℃左右，相对湿度 95%。为了防止贮藏期间腐烂，每天开启臭氧发生器 0.5~1h，杀灭各类病菌。贮藏时间为 20~30 d。

CHAPTER 9
记录和认证

9.1 记录

9.1.1 记录的重要性

建立规范的农产品生产记录是农产品质量追溯体系的基础性工作、有利于产品质量安全问题的追溯，也有利于农产品的标准化生产和品牌的打造，对于消费者、生产者、社会和农业健康发展具有多赢的作用。《农产品质量安全法》第二十四条规定，农产品生产企业和农民专业合作经济组织应当建立农产品生产记录并保存 2 年。

9.1.2 记录的内容

（1）生产基本情况

生产主体基本信息：生产主体名称、基地地址、周边环境描述（有无污染源等）、生产面积、种植方式（露地、温室或大棚）、作物种类、土壤类型、灌溉水源、生产周期、总产能、产品类别（绿色、有机及认证编号）、监管人员及联系方式等（表 9-1）。

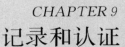

表 9-1 ×××××基地生产基本情况信息

生产主体：×××××

生产基地						
名称	地址	经纬度	总面积	周边污染源	土壤类型	灌溉水源

（续）

产品类别 （绿色/有机及认证编号）	作物种类	生产周期	总产能

种植方式						监管信息	
露地	日光温室		塑料大棚		连栋温室		监管 人员	联系 方式

表格部分：

露地	日光温室 土培	日光温室 无土培	塑料大棚 土培	塑料大棚 无土培	连栋温室 土培	连栋温室 无土培	监管人员	联系方式

（2）农业投入品记录

①来源记录：包括日期、投入品种类、名称、主要成分、数量、产品批准登记号、生产商、经营商、票据单号、购买人及入库人等信息（表9-2）。

②领用记录：包括日期、投入品种类、名称、数量、用途、应用地块编号、领用人及出库人等信息（表9-3）。

③使用记录：包括日期、生产地块编号、种植作物、生产状态、农业投入品名称、用途、用量、用法、使用时间、废弃物去向及操作人员等信息（表9-4）。

表9-2　×××××基地农业投入品来源及入库信息

生产主体：×××××　　　　　　　　　　　　　　　　生产基地：×××××

日期	投入品种类	名称	主要成分	数量	产品批准登记号	生产商	获得方式	经销商	票据单号	购买人	库管员

表9-3　×××××基地农业投入品领用及出库信息

生产主体：×××××　　　　　　　　　　　　　　　　生产基地：×××××

日期	投入品种类	名称	剂型	数量	用途	应用地块编号	领用人	库管员

表9-4　×××××基地农业投入品使用信息

生产基地：×××××　　　　　　　　　　　　　　　　地块编号：×××××

日期	种植作物	生长状态	投入品种类	投入品名称	用途	用量	用法	使用时间	废弃物去向	操作人员

（3）农事操作记录

包括日期、天气情况（阴晴雨雪冰雹、最高温度、最低温度等）、生产地块编号、农事活动内容、工作量及操作人员等信息（表9-5）。

表9-5　×××××基地农事操作记录（年份：　　　）

地块编号：×××××　　　　　　　　　　　　　　　　种植作物：×××××

日期	天气情况			农事活动内容	工作量	操作人员
	阴晴雨雪冰雹	最高温度	最低温度			

（4）产品采收记录

包括日期、产品名称、生产地块编号、采收量、存贮地点、残次品数量及去向、采收人员、接收人员等信息（表9-6）。

表9-6　×××××基地产品采收入库记录（年份：　　　）

地块编号：×××××　　　　　　　　　　　　　　　　种植作物：×××××

日期	采收量	残次品		入库产品		采收人员	接收人员
		数量	去向	数量	存贮地点		

（5）质量检测记录

包括产品名称、生产地块编号、批次产品总量、样品数量、检测内容、检测方法、检测结果、送样人员及检测人员等信息（表9-7）。

表9-7　×××××基地产品质量检测记录（年份：　　　）

生产主体：×××××

登录日期	产品名称	生产地块编号	批次产品总量	样品数量	送样人员	送样日期	检测方式		检测			检测结果			检测人员	核准人员
							自检	委托机构	内容	方法	依据标准	出具日期	合格	不合格说明	是否有报告		

（6）产品销售记录

包括日期、产品名称、生产地块编号、数量、销售去向及联系方式、销售人员以及其他相关信息等（表9-8）。

表9-8 ×××××（生产主体）产品销售记录（年份： ）

生产基地：×××××

日期	产品名称	销售情况							销售人员	备注
		生产地块编号	产品编号	数量	去向	单价	联系方式			

（7）农业废弃物处理记录

主要记录农作物秸秆、废旧农膜、农业投入品包装物等废弃物的处理情况，包括日期、废弃物名称或种类、处理方式或去向、经手人员等信息（表9-9）。

表9-9 ×××××基地农业废弃物处理信息（年份： ）

生产主体：×××××

日期	废弃物种类	规格	数量	处理方式	经手人员

9.2 认证

9.2.1 认证的意义

良好农业规范（good agricultural practice）简称为GAP，其以危害分析和关键控制点（HACCP）、良好卫生规范、可持续发展农业和持续改良农场体系为基础，兼顾农产品质量安全、动物福利、环境保护、工人的健康安全和福利等方面。GAP认证已成为各国农产品质量认证认可制度的重要组成部分、在国际上得到了广泛认可，欧盟、美国、日本等国以及我国台湾地区都在推行良好农业规范管理体系，联合国粮食与农业组织（FAO）也积极向发展中国家推荐良好农业规范管理体系。

为进一步推动《良好农业规范》（GB/T 20014）国家标准的贯彻实施，规范良好农业规范认证活动，提高我国农业综合生产能力，实现农业可持续发展，国家认证认可监督管理委员会根据《中华人民共和国认证认可条例》的有关规定，于2006年1月制定并公布了《良好农业规范认证实施规则（试行）》。同年5月开始实施，标志着我国GAP（即China GAP，全称为中国良好农业操作规范）认证工作的开始。

该规范是国家认监委参照国际上较有影响力的良好农业规范标准结合中国

农业国情而起草的中国农产品种植、养殖规范。China GAP 认证是针对作物种植和畜禽养殖所进行的良好农业规范认证。

通过 GAP 认证，能够提高农产品质量安全水平，增强消费者信心、树立生产主体形象、打造品牌、提升国际竞争力，有利于生态环境的保护和农业的可持续发展。

9.2.2　认证的程序

China GAP 认证程序一般包括认证申请和受理、检查准备与实施、合格评定和认证的批准、监督与管理这些主要流程。申请人向具有资质的认证机构提出认证申请后，应与认证机构签订认证合同，获得认证机构授予的认证申请注册号码；检查人员现场检查和审核所适用的控制点的符合性，完成检查报告；认证机构在完成对检查报告、文件化的纠正措施或跟踪评价结果评审后作出是否颁发证书的决定。

9.2.3　认证的条件

同时符合下列条件的，可批准颁发认证证书：

①申请人具有自然人或法人地位，并在认证过程中履行了应尽的责任和义务；②产品经检测符合相应认证标准；③经检查现场符合规定的要求；④文件齐全；⑤申请人缴纳了有关认证费用。

该认证证书有效期为 12 个月，证书到期前，应由认证机构对证书持有人进行再认证，同时符合下列条件的，可继续持有认证证书：

①认证有效期之内，获证产品通过需要时进行的产品抽样检测（农场、仓库、市场），证明符合相应的标准；②认证更改时，按《产品认证更改的条件和程序》的要求办理了相关手续；③在认证有效期之内，没有违背《良好农业规范认证实施规则》中相关条款要求和《产品认证证书暂停、恢复、撤销、注销的条件和程序》的情况；④申请人缴纳了有关认证费用。

9.2.4　China GAP 认证标志及级别

良好农业规范认证分为一级认证（一级认证标志，图 9 - 1）和二级认证（二级认证标志，图 9 - 2）。一级认证即 GAP$^+$ 认证，等同于 EUREP GAP（欧洲零售商农产品工作小组良好农业规范），要求规范的所有一级控制点都要符合要求，二级控制点除果蔬外 90% 满足要求，三级控制点没做符合性规定；二级认证要求规范中所有一级控制点 95% 满足要求，不设定二级控制点、三级控制点的最低符合百分比。

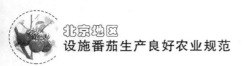

图 9-1　一级认证标志　　　　　　　　图 9-2　二级认证标志

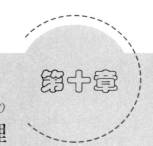

CHAPTER 10
环境卫生、废弃物和污染管理

土壤、大气、水体和生物多样性必须受到保护。如果这其中的任何一项被污染或不合理利用，都将导致自然平衡的破坏。这种破坏一般很难修复或根本不能修复。因此，我们要保护环境，注意环境卫生，做好废弃物和污染管理，留给后代美好的生存环境。

工业快速发展产生的垃圾污染了环境，农业也能造成环境的污染。农业生产中产生的垃圾能对环境产生面源污染。农业面源污染通常是指因种植业的化肥、农药等要素的过量施用以及养殖业畜禽粪便的乱排乱放，超过了农田的养分负荷，出现了氮、磷、钾等养分的过剩养分在雨水等作用下进入水体，从而产生了地表水的污染。农业行为绝大多数是在土地上发生的，污染排放也首先发生在土壤中，导致土壤中有机质含量连年下降，土壤结构破坏、质量下降，然后污染物通过雨水淋溶进入水体。农业生产中还存在盲目施肥、过量施肥、肥料利用率较低、农药施用不合理、农药利用率较低等行为。这些行为会对土壤、水源、大气产生不利影响。另外焚烧农资材料、作物残体、化石燃料所产生的气体也会污染大气，一些化学药品如甲基溴，还会破坏臭氧层，导致臭氧层变薄，形成臭氧空洞。化学肥料、防治病虫害的化学药品、化石燃料和包装所用的材料等，这些材料的不合理使用及所产生的污染物的不合适管理，将会导致更大的环境灾难。环境问题直接或间接地对人类及其他的生物产生威胁。

为了建立一个环境友好的生产体系，可以采取以下措施：

（1）尽量避免使用化学药品（肥料、病虫害防治药品等），多使用生物制剂。如果一定要使用化学药品，要听从专家的建议。

（2）当地可利用的有机材料（农场粪肥、草炭、稻壳等）应作为作物栽培的有机物料进行利用。

（3）温室的加热可利用自然气体、地温或者太阳能代替化石燃料。

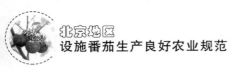
（4）作物及其加工过程产生的废弃物要循环利用，如在收获和加工之后进行改善处理，作为堆肥原料利用。

（5）无机废弃物如金属、玻璃、陶瓷和炉渣等，应另外提供一个废弃物箱来收集。

（6）所有用过的包装盒和其他含有有毒物质的盛装容器应与其他材料隔离开，单独在一个地方贮藏起来，并合理处理。

（7）水要谨慎使用，在雨量丰富的时期要储存一些水供后期使用，在作物需要的时候进行灌溉，不要与地下水混合。

（8）无土栽培所排出的污水要收集、净化并再利用。

农业生产对于环境卫生要求很高，土壤、空气和生物多样性都应受到保护，健康的环境可以为种植出优良的作物提供保障。随着雾霾天气、水污染问题的日益严重，政府部门对于农业环境卫生愈加重视，禁止焚烧秸秆、农残垃圾循环利用等措施相继实施，使一些农村的面貌发生了很大改观。

在实际生产中，可以采取下列措施保护环境卫生：

（1）做好病虫源头控制，尽量不用或少用化学药剂，用生物源药剂替代化学药剂防治病虫害。使用化学药剂时，要按照农药标签上的推荐剂量，不要随意加大用药量。

（2）使用常温烟雾机等高效施药器械，提高农药利用率，降低农药用量。

（3）施用充分发酵的腐熟有机肥作为底肥，不可过多施用含某种元素的化肥。

（4）给棚室加温时可选用太阳能等新型能源替代化石燃料。

（5）地膜、药剂包装等农业生产资料废弃物不可随意焚烧，应集中回收，合理处置。

（6）使用滴灌、喷灌等新型节水装置合理灌溉，减少农业灌溉用水量。

（7）作物收获后植株残体应统一收集，采用堆沤发酵等无害化处理措施，从源头控制病虫害发生。

CHAPTER 11

工人安全与技术培训

　　建立高效、高质量的番茄园区与工人自身的安全意识、技术水平等因素密切相关。要提高效率必须把安全放在第一位，在保障安全的基础上开展工作。工人的素质与番茄生产的质量安全等密切相关，一个优秀的植保技术人员可以通过生态调控、物理防控等技术措施减少棚室中病虫害的发生，可以通过对病虫害发病规律的了解和简单的预测预报手段，及时科学地制定病虫害预防措施，使病虫害的危害降到最低。工人的正确、规范操作既保证了产量，又减少了农药的使用，保障了番茄的质量安全。一个优秀的技术工人可以实施合理、正确的农事操作，保证番茄正常旺盛生长，同时提高产量。在农业生产中企业必须为工人提供安全的工作环境、有效的施药防护措施，进行专业的病虫害防治技术培训，采取规范化的管理，确保工人的身体健康，不断提高工人的植保技术水平，确保企业健康、良性地发展。

　　为了保障工人健康与安全生产，与工作和工作环境有关的所有信息需要定期记录下来。所有必需的工具和设备也要提供给工人。这样做可使工作便利并且可提高产量。商业活动都需要进行风险评估，需要确定工具、设备和劳动力的数量并分配到每一项具体活动。每一项活动都要在风险评估的基础上制定一项工作计划，并且要依据工人所掌握的知识、个人培训情况和能力建立一套工人等级管理系统，这样做的目的是用安全且有组织的方式激发工人的积极性。另外，要向每个工人描述其工作情况。

　　建立持续的培训项目可以增加工人的知识水平和能力，并且可以将理论知识应用于实践。意外和紧急情况的计划也需要做准备。这些内容需要作为强制培训项目提供给工人。

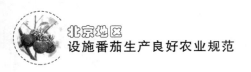

11.1　工人安全

11.1.1　施药安全防护

（1）人员

配制和施药人员应身体健康，经过专业技术培训，具备一定的植保知识。严禁孕妇、老人、儿童、体弱多病者、经期女性、哺乳期妇女参与以上活动。施药人施药时应将农药标签随身携带。

（2）防护

根据农药毒性、施用方法及特点配备防护用具。施药人员应根据农药使用说明佩戴相应的防护面具，穿着防护服、防护胶靴，佩戴手套等。

（3）急救

急救箱或急救包要放在园区的不同位置。园区各个地方都应配备干净且卫生的公共设施（洗手间、浴室、洗手池等），所需用品（洗手液、肥皂、毛巾、面巾纸等）也应供应充足。

11.1.2　农药施用后安全措施

（1）警示标志

在施过农药的地块要树立明显的警示标志。

（2）剩余农药处理

①未用完农药制剂：剩余或不用的农药应保存于原包装中。分类存放并密封贮存于上锁的地方。不得用其他容器盛装。严禁用空饮料瓶分装剩余农药。

②未喷完药液（粉）：在该农药标签规定用量许可的情况下，可将剩余药液用完。对于剩余的少量药液，应妥善处理。

（3）废容器和废包装处理

直接装药的药袋或塑料瓶用完后应清洗3次，清洗的水倒入喷雾器中使用，避免农药浪费或造成污染。

有条件的地区设置专门的回收箱，由政府部门定期回收。不能回收处理时，冲洗3次，砸碎后掩埋，掩埋废容器和废包装的地方要远离水源和居所。

废农药容器不能盛放其他农药，严禁用作人、畜饮用器具。

（4）清洁与卫生

①施药器械清洗：不应在小溪、河流和池塘等水源地清洗，洗刷用水要倒在远离居住场所、水源和作物的地方。

②防护用具的处理：施药作业结束后，要立即脱下防护服及其他防护用具，装入事先准备好的塑料袋中带回处理。

③施药人员清洁：施药结束后，要及时用肥皂和清水清洗，更换干净衣服。

11.1.3　农药中毒现场急救

（1）中毒自救

如果农药溅入眼睛内或测在皮肤上，应及时用大量清水冲洗；如果眼睛受到严重刺激，应携带农药标签前往医院处理。

施药期间施药人员如有头晕、头痛、头昏、恶心、呕吐等农药中毒症状，应立即停止作业，离开施药现场，脱掉污染衣服并携带农药标签前往医院就诊。

（2）中毒者救治

发现人员中毒后，应将中毒者放在阴凉通风处，防止受热或受凉。

应带上引起中毒的农药标签立即将中毒者送至最近的医院进行救治。

如中毒者出现呼吸停止，应立即进行人工呼吸。

11.2　技术培训

定期开展技术培训，积极组织工人参加农业部门组织的培训课程，例如田间学校、技术观摩培训等。邀请技术专家到番茄种植区指导，使技术人员掌握先进科学的植保及栽培技术知识。在植保方面，要求工人掌握番茄常见病虫害的识别与诊断方法、病虫害的发生发展规律以及科学的防治方法；掌握番茄病虫害的综合防控技术，有很强的质量安全意识，防治好病虫害的同时要确保番茄的质量安全。栽培方面，从温湿度管理到浇水、施肥等，需要技术工人具有全面的技术。通过培训提高工人技术水平和素质，保证番茄的高效、安全生产，促进番茄种植区的持久发展。

参 考 文 献

曹坳程，刘晓漫，郭美霞，等，2017. 作物土传病害的危害及防治技术［J］. 植物保护，43（2）：35－36.

曹坳程，郑建秋，郭美霞，等，2010. 土壤消毒技术及要点［J］. 蔬菜，4：41－44.

曹坳程，郭美霞，王秋霞，等，2010. 世界土壤消毒技术进展［J］. 中国蔬菜（21）：17－22.

石延霞，李宝聚，薛敏菊，2007. 番茄晚疫病症状诊断、流行规律及防治［J］. 中国蔬菜（2）：57－58.

李占台，杨俊刚，邹国元，等，2019. 北京市设施蔬菜园区轻简化生产现状分析［J］. 中国蔬菜（8）：68－75.

王丽英，赵小翠，曲明山，等，2012. 京郊设施果类蔬菜土肥水管理现状及技术需求［J］. 华北农学报，27（S1）：298－303.

国立耘，刘凤权，黄丽丽，2020. 园艺植物病理学［M］. 3 版. 北京：中国农业大学出版社.

郑建秋，2013. 控制农业面源污染：减少农药用量防治蔬菜病虫实用技术指导手册［M］. 北京：中国林业出版社.

郑建秋，2004. 现代蔬菜病虫鉴别与防治手册［M］. 北京：中国农业出版社.

张承林，邓兰生，2012. 水肥一体化技术［M］. 北京：中国农业出版社.

赵永志，2019. 北京肥料［M］. 北京：中国农业大学出版社.

陈清，2015. 果类蔬菜养分管理［M］. 北京：中国农业大学出版社.

曹华，2014. 番茄优质栽培新技术［M］. 北京：金盾出版社.

王永泉，徐进，2012. 番茄高效设施栽培综合配套新技术［M］. 北京：中国农业出版社.

程晓晓，何忠伟，2020. 北京都市型现代农业发展报告［M］. 北京：中国财政经济出版社.

李云龙，王胤，孙海，等，2018. 番茄作物的良好农业规范［M］. 北京：中国林业出版社.